家有潮童

摩天文传 主编

吉林科学技术出版社

图书在版编目（CIP）数据

家有潮童 / 摩天文传主编. -- 长春：吉林科学技
术出版社，2016.1
　　ISBN 978-7-5578-0024-6

　　Ⅰ．①家… Ⅱ．①摩… Ⅲ．①儿童－服饰美学
Ⅳ.①TS976.4

　　中国版本图书馆CIP数据核字(2015)第285887号

家有潮童 JIA YOU CHAOTONG

主　　编	摩天文传
编　　委	韦延海　黄俊楠　王彦亮　曹　静　陈　静　黄婷婷　黄　婷　李　欣　李富华　王梓钰
	石杨婷　包世莲　黄　琳　邓　琳　梁　莉　杨晓玮　胡婷婷　班虹琳　王慧莲　黄苏曼
	宋　丹　陈　晨　赵　杨　李　亚　陈奕伶　康璐颖　卢　璐　张瑞真
出 版 人	李　梁
选题策划	摩天文传
策划责任编辑	端金香
执行责任编辑	穆思蒙
封面设计	摩天文传
内文设计	摩天文传
开　　本	710mm×1000mm　1/16
字　　数	280千字
印　　张	12
印　　数	1-6000册
版　　次	2016年1月第1版
印　　次	2016年1月第1次印刷

出　　版	吉林科学技术出版社
发　　行	吉林科学技术出版社
地　　址	长春市人民大街4646号
邮　　编	130021
发行部电话/传真	0431-85635176　85651759　85635177
	85651628　85652585
储运部电话	0431-86059116
编辑部电话	0431-85635186
网　　址	www.jlstp.net
印　　刷	延边新华印刷有限公司
书　　号	ISBN 978-7-5578-0024-6
定　　价	35.00元

如有印装质量问题可寄出版社调换

序

关于美和时尚的复苏

量体裁衣已是过去时，衣着也不再仅仅是人们满足温饱的基本手段，它随着潮流趋势不断变化升级而被赋予了更丰富的内涵。穿着打扮是体现一个人素质和修养的一部分，表达着个人的志趣、身份乃至生活态度和个人魅力。服饰华彩之美谓之"华"，对于服饰的美好希冀早已根植于我们民族的名字之中。

别给孩子拙劣的仿制

所幸我们的孩子出生在这个时代，已不再满足于拙劣的仿制，也不再将个性视为异类。选择服装，就是在定义与描述自己。注重孩子的审美培养并不等同于挥霍消费。在孩子尚未形成衣着观念和品味主见前，父母应该给予孩子美的启蒙、培养他们追求美的能力。告别华而不实的昂贵与千篇一律的雷同，告别陈旧呆板的穿搭模式，引导孩子形成个性之美，让孩子体现出来自家庭的绝佳衣品教养与受用终身的穿衣智慧。

孩子对精致和艺术的需求

也许在孩子们还不知道什么是哥特的时候，就已经触碰到那份繁复中的凝重；他们未必需要了解什么是古希腊风，但他们一定会爱上那富有古典美的褶皱……我们的孩子就在这样的时代氛围中，在对美好的想象和试探中不断成长。他们的童年和我们不一样，同样，他们的未来也充满了更多可能。他们不再需要为温饱奔波，他们的世界比我们更辽阔，而唯独共有的，是人对精致美的本能向往。

让孩子从小开始拥抱精致

给孩子适当、适度的打扮，让孩子从小就懂得自身形象的重要性，是从小培养孩子衣商衣品与审美视角的绝佳方式。不要用成人的思维标签给孩子设置壁垒、架设框架，让孩子尝试做自己的意见领袖，让孩子从小开始拥抱精致，在精致中体会细腻，在细腻中变得温情，在温情中和这个世界和平共处。和孩子一起追求美好，但不打扰孩子的探索，在美与时尚的王国里，让孩子去挖掘更多未知的宝藏！

吴芬芬

——知名童装设计师、绿盒子品牌创始人

CONTENTS 目录

Chapter 1

童装搭配不是你想的那么简单

Chapter 2
这些必备单品打造潮童衣橱

Chapter 3
每个宝宝都有自己的穿搭风格

Chapter 4
让宝宝成为每个场合的焦点

Chapter 5

用配色彰显潮童风格

Chapter 6

妈妈最关心的潮童穿搭 Q&A

Chapter 1

童装搭配不是你想的那么简单

　　成人的穿搭规则中仅有一部分适合孩童！父母要做的就是重新学习，为孩子变身为新领域的穿搭专家。培养孩子得体穿衣的行为习惯，帮助孩子挖掘受用终身的穿衣智慧。告别陈旧、呆板的穿搭方式，让孩子展现出来自家庭的绝佳衣品教养。

关于童装，父母是怎么想的

关注童装的实用性、舒适性，忽视童装的搭配性是很多父母存在的误区，在他们眼中孩子是不需要过多装扮的，所以大多数孩子都只能按照传统保守的思路，做出千篇一律、甚至杂乱无章的装扮。

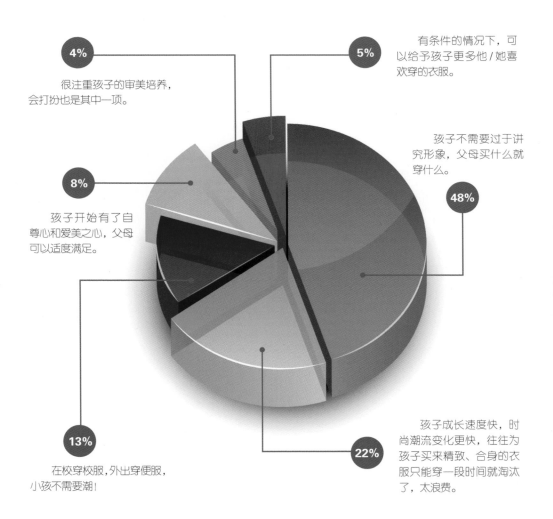

4%
很注重孩子的审美培养，会打扮也是其中一项。

5%
有条件的情况下，可以给予孩子更多他/她喜欢穿的衣服。

8%
孩子开始有了自尊心和爱美之心，父母可以适度满足。

48%
孩子不需要过于讲究形象，父母买什么就穿什么。

13%
在校穿校服，外出穿便服，小孩不需要潮！

22%
孩子成长速度快，时尚潮流变化更快，往往为孩子买来精致、合身的衣服只能穿一段时间就淘汰了，太浪费。

你的宝贝为什么不够潮

明明为孩子买了很多新衣服，为什么就是穿不出潮童的感觉？明明每一件单品都很棒，为什么搭到一起却完全不是一回事？或许下面这些雷区正是问题的关键所在。认清楚这些问题，才能让你的孩子在潮童的路上坚定不移地走下去。

90% 都是运动装

舒适宽松的运动装确实让孩子更舒适，尺码也大都松动，适合孩子快速成长的阶段。但父母不要忘记，运动装是时尚的终结者，这条铁律不仅在成人的世界通用，对孩子而言也成立。尤其当父母把握不好运动装和家居服的差异时，有可能会让孩子穿得过于随意和邋遢。

被 LOGO 占领

不要过早地让孩子有 LOGO 崇拜的情结，就算个别单品，显眼突兀或密密麻麻的 LOGO 绝对和时尚无缘。孩子对美感的形成是循序渐进的，应该培养孩子更具包容的审美力。在生活中，不少父母喜欢把孩子打扮成另一个小型版的自己，尤其是母女，记住别把自己的审美取向强硬、直接地灌输给孩子，扼杀了孩子天生的创造力和发现力。

毫无关系的凌乱单品

这类衣橱往往诞生在随性邋遢的父母手里，打开孩子的衣橱很难找到搭配关系成立的单品，给孩子穿衣也是随手一搭就恍惚出门，没有美感可言。这种情况的成因是，父母在选衣、购衣的阶段就没有条理性，导致这些单品无法运用，孩子毫无风格和形象可言。

过度成人化

因为年龄特性得以舒展，孩子才会无拘长大，我们尤其反对孩子的衣橱过于熟龄化。许多时尚观念比较激进的父母喜欢给孩子购买成熟的单品，有的衣质材料太硬挺，有的剪裁跟成人化非常紧贴，有的设计则太繁复，这些单品都不适合孩子，容易让孩子失去童真，过于成人化。

作为父母，潮童塑造力你有几分

　　"潮童塑造力"——评定一位父母给孩子搭配衣服的能力。你对自己的潮童塑造力信心满满，还是对自己的潮童塑造力心里没底？我们通过一个小测试，来具体和理性地对你的潮童塑造力进行打分，让你真正认识和了解自己的真实实力。

> 回答下列问题并根据答案累计分数，答完16道题计算总分，看结果了解自己塑造潮童的能力吧！

1. 整理孩子的衣橱，你会率先淘汰哪些衣服？（　　）

A. 尽量不淘汰孩子衣服，能穿就穿
B. 显旧的
C. 宽松、完全不符合孩子身材体型的
D. 不容易搭配的

2. 你是怎么整理孩子衣服的？（　　）

A. 衣服收好叠好，穿的时候随机搭配
B. 根据外套、内搭、下装基本分类，穿的时候随机搭配
C. 衣服收整的时候就配装成套，穿的时候更方便
D. 根据颜色或者场合分类，衣柜分区明确

3. 每次因为什么购买童装？（　　）

A. 逛街随机购买
B. 孩子生日、节日作为礼物购买
C. 带孩子出席特定场合／事件前购买
D. 为了搭配购买

4. 逛童装专柜，决定购买的关键因素是？（　　）

A. 价格
B. 导购推荐
C. 质量
D. 自己和孩子都喜欢

5. 你会给孩子花重金购买一套仪式感比较强的正装（男孩小西装／女孩小礼服）吗？（　　）

A. 不会，穿的机会太少
B. 考虑过，但觉得不实际
C. 会，认为即使穿一次也有价值
D. 买过，数量不少，纯粹觉得有必要才买

6. 你认为什么样的孩子打扮称得上不得体？（　　）

A. 孩子衣服没有美丑可言，实用就好
B. 衣服上有非常明显的污垢
C. 穿着不合体
D. 上下内外都不协调

7. 你认为孩子需要饰品吗？（　　）

A. 不需要，非常麻烦容易丢
B. 基本的帽子、围巾会买，但是其他觉得多余
C. 需要，小饰品能产生大作用
D. 给孩子准备了好多饰品，也会教孩子怎么搭

8. 你更愿意在线上购买宝宝的衣服还是到线下实体店购买？（　　）

A. 线下实体店，总觉得比较安心
B. 没空的时候线上购买，时间充裕时爱去实体店
C. 线上、线下实体店都喜欢
D. 更喜欢线上购买，比价、选款都比实体店方便

9. 孩子去买衣服，孩子表现出强烈的主见时你怎么做？（　　）

A. 自己做主，孩子不能决定

B. 按照自己的想法购买，但还会慢慢说服孩子

C. 让孩子自己决定

D. 和孩子慢慢讨论，浪费点时间也没有关系

10. 除了衣服之外，你认为孩子的哪个外在方面也很重要？（　　）

A. 配饰

B. 仪表

C. 发型

D. 细节、发型、外表整洁都很重要

11. 假使你有个胖小孩，你会让孩子怎么做？（　　）

A. 孩子胖点才好看，减肥那是成人的做法

B. 努力敦促孩子减肥，瘦才是王道

C. 建议孩子减肥，适度推动，瘦不下来也没关系

D. 告诉孩子胖也有胖的美，只要不过度肥胖即可

12. 给孩子搭配衣服，你的经验从哪里来？（　　）

A. 从不看相关书籍，随性搭配

B. 买专柜配好的套装

C. 像对待自己一样给孩子穿搭

D. 潮流杂志，会格外留意童星的新闻

13. 童装品牌中你更喜欢哪一种？（　　）

A. 折扣多、价格不贵的

B. 质量好、款式经典的

C. 和成人品牌一样样式多、新品迭出的

D. 剪裁和设计风格适合自己孩子的

14. 长辈要求孩子穿别人的二手衣服，你是怎么想的？（　　）

A. 多多益善，孩子不知道美丑

B. 瞒住孩子，反正旧一点没关系

C. 善意拒绝，新衣服也不贵

D. 择善而从，适合孩子的可以要，环保又时髦

15. 一年内购买孩子衣服的花费有多少？（　　）

A. 500 元以下

B. 500~1000 元

C. 1000~2000 元

D. 2000 元以上

16. 孩子不想穿校服，你怎么劝？（　　）

A. 找个借口骗老师，今天就穿便服吧

B. 不穿也得穿，大家都是一样的

C. 学校强制要穿，作为学生必须要遵守

D. 给孩子搭配一双喜欢的球鞋，平凡校服大变身

🎈选 A：1 分　选 B：1 分　选 C：2 分　选 D：3 分

累计总分：

20 分以下　衣商一般，还需努力

赶紧为了打造潮童做好系统学习的打算，就从基本的单品运用、形体塑造、场合运用开始着手研究吧。

20~40 分　衣商不错，好好加油

本身穿搭素养就超群的潮童父母只要扫除一些误区，打造潮童不在话下。

40 分以上　超高衣商，潮童榜样

潮流基因是你给孩子最好的礼物！只要继续发扬，孩子的时尚品位会青出于蓝！

性别意识的养成从穿搭童装开始

孩子还没完全长大，他们对性别的概念可能是模糊的，但是父母可以从性别美感着手，借助服饰对女孩的柔美、男孩的刚强分别加以强化，进而引导孩子形成个性之美。

从小培养孩子的性别意识

古今中外，坚强阳刚的男性和温柔婉约的女性都是人们眼中完美的性别标准。但在当今价值观多元化的社会，有些人的性别意识渐渐模糊。事实上，性别意识的培养是一项系统工程，一旦性别意识形成之后就很难改变，所以一定要从小培养。在国外，无论是家长还是社会，都会有意识地培养孩子的性别意识。

通过衣着色彩培养性别意识

在西方很多国家，一看新生儿的襁褓，就能马上知道是男是女，因为医院约定俗成地用蓝色毯子包裹男孩，用粉色毯子包裹女孩。英国纽卡斯尔大学的两位神经科学科学家安雅·赫尔波特和亚朱·玲称，婴儿并没有性别意识，凡事都需要学习。如果他们从出生开始就穿某种颜色的衣服，就能让他们感到"这种颜色属于我"。当男孩看到其他小朋友，他们会发现，有些孩子的衣服颜色和自己一样，有些却不一样，经过思考和询问，男孩就会产生"我们都穿蓝色衣服，我们都是男孩"的性别归属感。女孩也同样会因为色彩而产生懵懂的性别意识。

通过衣着款式培养性别意识

毋庸置疑，大部分的国家都会把裙子定义为女装，所以无论如何都应该给女孩子购买一定数量的裙子，而尽量避免因为搞笑逗趣而给男孩子穿裙子或从衣着打扮上让男孩子扮演反串的角色。专门研究"粉蓝项目"的学者兼摄影师炯弥·尹说："裙子是女性天然的代表，而裤子则属于男性。裙子的摇曳能让女孩从小就从中获得温柔如水的特质，并且百变的裙子也能培养女性特殊的审美。而裤子直挺挺的，男孩穿上更能让他们养成坚毅、果断的性格。"

服装品位的养成从穿搭童装开始

无可厚非，服装在这个社会上已经成了个人品位的代名词之一，在当今社会，好的服装品位会为个人加分，并且从第一印象上获得更多的肯定。所以从小有意识地给孩子培养正确、科学的服装观念，孩子长大后就会成为衣着得体、品位独到的人。

🔵 鼓励女孩尝试多元化的服装风格

在女孩诞生后，给予她柔和、温馨的颜色，主要是辅助视觉的发育、培养稳定的情绪。但到了后来父母可以对孩子的多元化喜好进行鼓励和认可，这样就可以传递一个有用的信息——女孩不一定非得使用粉色或者黄色，衣着的价值和质感不会因为某些颜色决定，而是搭配和驾驭这些色彩的能力。女孩可以拥有更多的选择，只要它们是充满美感的。

🔵 培养男孩的服装品位意识

对男孩的衣着品位则要注重多鼓励创造性、探索性，让男孩从小就学会分辨哪些衣服是哪些场合可以穿的，为什么这么穿，为什么社会对男性的外表会提出要求，进而让男孩懂得，社会对女孩和男孩关于理性和感性的要求是一致的，并不存在"不要求女孩具备理性"或者"完全不以感性的眼光衡量男性"的准则，男孩和女孩一样，参与社会竞争的基准没有两样。

🔵 培养孩子对服装品位的思考

服装除了可以提高孩子的品位，还能培养孩子的发散思维。比如在服装的颜色上，家长可以引导孩子探索颜色背后所象征的意义。比如辛劳贴心的护士为什么要穿浅粉色的护士服？而空服人员、机长的衣服为什么是蓝色的？除了科学理论的理由外，粉色能象征大爱的母性，而蓝色象征理性的父性，都能给予他人所处环境的安全感，所以我们在病中看到身着粉色的护士会觉得很亲切、温暖，而乘机时看到蓝色装束的空服人员会感到安全，可以信赖。

不要用大人的穿搭方式给宝宝搭配衣服

孩子的一举一动都有大人的影子，衣着方式也不例外。有些成人的穿搭方式对孩子而言并不适合。

注意成人标签单品

衬衫、西裤、工装风衣，这类外观上极具成人标签的单品孩子也能驾驭，但要注意质地要柔软，剪裁需要简化，例如成人喜好的金属配件能少则少，避免太多成人元素令调性过于成熟老成。

孩子可以尝试大人的穿衣禁忌

大人害怕的大面积饱和色块在一些孩子身上却能驾轻就熟。因为孩子都有着肆无忌惮的阳光特质和青春无敌的面貌，所以不需要担心孩子驾驭不了，给他们更多的选择吧。

对撞色放宽限制

张扬的颜色就算同场出现也不会错乱，孩子天生就是色彩的指挥官。试着把亮眼的颜色相配，孩子特有的朝气特质会给你惊喜。

给孩子加加龄

大人总是对会增加年龄的衣服诚惶诚恐，生怕加重了岁月痕迹，但孩子如果稍加成熟的打扮会显得气质斐然。控制好加龄的程度，孩子"突然长大"的感觉帅气十足。

随性和体面并不矛盾

　　女孩子希望穿得随意一些，不意味着可以"女扮男装"，在休闲装束中也有充满细腻情调的设计。加上目前休闲服装的设计风潮偏向时装性，父母也可以考虑多用这类单品。

成人裙装用孩童方式呈现

　　遇到设计上偏成人化的单品，要用干净轻盈的细节来辅助呈现，例如精致光洁的绑发、缀着蝴蝶结的圆头单鞋，用"轻"牵引着"重"，成熟单品依然可以翩然驾驭。

允许孩子尝试"跨界"

　　大人穿衣有明确的风格界限，但孩子善于"跨界"，充满摇滚风格的铆钉高帮鞋能搭配粉色运动套装，孩子的朝气和灵动让它们也能和谐共处。

恰到好处的曲线美

　　大人喜欢追求曲线美，孩子则适合谨慎一些，不建议给孩子过于包裹曲线的衣服，贴合腰线、背部内凹剪裁、蓬度稍稍加强的程度刚刚好。

这些面料宝宝穿着最舒适

为了迅速锁定适合孩子穿着的舒适面料，妈妈必须练就不看成分列表就能辨识好面料的能力。有一些高频采用的舒适面料能为宝宝创造上佳的穿着体验。

这些面料适合男宝宝

纯棉面料

众口铄金的纯棉因蓬松柔软很适合宝宝穿着，优良的吸湿性和导热性能"管理"宝宝的体温，是一种既传统又安全的面料。

▶ 一眼辨识 ◀

天然棉纤维长短不一，有杂色也有瑕疵；纯棉吸光不反光，色泽自然淳朴，没有化纤那样的光滑光泽。

精梳棉面料

精梳棉是通过精梳机去除了比较短的纤维，只留下长纤维，所以面料平滑柔韧，也比较坚实，穿着起来无摩擦感，是比较高档的棉制面料。

▶ 一眼辨识 ◀

长纤维交织形成的面料密度紧实，所以比普通的棉纺面料较不透光；质地纯净，表面没有立起来的短小绒纤维。

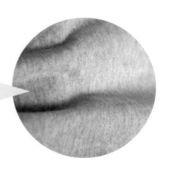

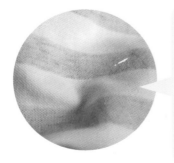

珠地网眼面料

珠地网眼布采用线圈和集圈交错编制的方式形成网孔，面料因为有凹凸网眼不像普通平面面料紧贴肌肤，所以具备散热、排汗的特性，尤其在夏季，这种面料非常受欢迎。

▶ 一眼辨识 ◀

衣料背面呈现密集的四角形或六角形，不镂空，质地紧密，整体很像蜂巢。

这些面料适合女宝宝

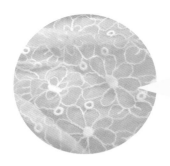

棉线提花布

棉线提花布通常非常通透柔软，因为有棉线加固，所以即使布面薄透也有不错的耐拉扯性。棉线提花通常采用的是纯棉线，因此也适合作为贴身穿着的面料。

▶ 一眼辨识 ◀

无线头参差出来的提花布才是最好的提花布，线头也会摩擦宝宝幼嫩的皮肤。

水洗棉面料

水洗棉是指经过双面热烫处理的棉面料，因为棉纤维不易冒出，所以密度高、光滑感强，即使作为外衣面料也有不错的外观稳定性，比普通纯棉面料更不易皱或变形。

▶ 一眼辨识 ◀

水洗棉有非常好的稳定性，缩水率很小。较好的水洗棉表面还有一层薄薄的、均匀的毛绒，对着光就能看到。

水洗泡泡纱面料

水洗泡泡纱也是棉织布，但是它是采用轻薄的平纹细布加工而成的，特点是非常轻盈、贴身不吸热、有凉爽感。这种布比纯棉布更轻盈，而且吸汗吸水后也不会紧贴着皮肤。

▶ 一眼辨识 ◀

好的水洗泡泡纱质感轻盈，网眼紧密不透光。不好的泡泡纱面料边缘有变平的趋势，这种泡泡纱往往不耐水洗，洗几次就会变平。

选面料的小捷径

1. 选女宝宝穿的面料一定要注意质感轻盈、透气性强，即使多层叠搭穿着也不会过热或者闷汗。

2. 不吸汗的化纤面料会产生酸臭味，父母要注意避免选购这类厚度厚且以化纤为主的面料。

3. 女孩皮肤幼嫩，父母不要选择凹凸感布料（蕾丝等）用在袖口、领口、裤脚边的衣服，避免布料不够柔软摩擦皮肤。

这些设计提升穿着舒适度

要准确拿捏衣服的穿着舒适度，并非只会挑选又宽又大的衣服。在童装的各个细节里，有一些设计是为了提升舒适感而生的，为宝宝选择它们，穿着会更加便利和舒适。

舒适设计：罗纹拼接
常见位置：裤头、袖口、领口

精梳棉是通过精梳机去除了比较短的纤维，只留下长纤维，所以面料平滑柔韧，也比较坚实，穿着起来无摩擦感，是比较高档的棉制面料。

舒适设计：肩部可开扣
常见位置：肩头、裆部、裤管

年纪小的宝宝不容易稳定他/她的头部和四肢，开扣设计方便妈妈进行穿脱，而且不容易在穿脱时勒到宝宝。

舒适设计：侧缝开边设计
常见位置：衣摆、裤管

开边设计的衣服不仅更容易穿脱，同时也因为下摆是打开状的，也有视觉显瘦的效果，和内扣的灯笼设计正好相反。

舒适设计：橡筋抽褶
常见位置：袖口、裤管

隐藏式的橡筋不但不会摩擦皮肤，抽褶设计的裤子更可以买大1~2号穿着，因为这种设计本身就有显瘦、收拢的效果。

舒适设计：后背开扣
常见位置：衣领

在幼龄宝宝的衣服中比较多见，便于穿脱，也方便父母在宝宝背部和上衣之间加塞、更换吸汗巾，是一种很实用的设计。

舒适设计：挡片保护
常见位置：衣领、裤头

挡片的作用是隔离拉链，因为拉链有可能会割伤皮肤。部分宝宝对金属过敏，有挡片的设计也能吸汗，避免汗液让拉链头生锈、变得不便使用。

舒适设计：隐形拉链
常见位置：衣领、裤头

通过包边嵌入的方式把拉链正反面都藏进布料里，不仅外观上看不到拉链，皮肤也没有感觉。这种拉链通常都选择很小且光滑的拉链头，也进一步避免摩擦皮肤。

舒适设计：松紧设计
常见位置：袖口、裤头、裤管

幼童和大童的衣服都非常常见的设计，幼童通常不会调整衣服，有松紧设计的话不移位。大童长得快，松紧设计能延长穿着周期，对尺码要求宽泛。

宝宝穿着不舒适的表现信号

💧 三个不舒适信号，父母要提前知晓

信号 1：辗转反侧地哭闹不止
还不会说话的宝宝只能用哭闹来表达自己的不适，如果是衣服造成的，宝宝一定会抓挠拉扯，如果躺着的时候会辗转反侧，这时父母要检查是不是衣服的问题，多层穿搭的话要检查到最里层的情况。

信号 2：掀开衣服 / 裙子
先确认是不是真的热。有的衣服穿着不舒适，孩子会喜欢掀开它或者总是不爱穿它。孩子的皮肤幼嫩，即使是腿部的皮肤也比成人的手指要感觉灵敏，有时候手摸觉得没有不妥的衣服却是孩子非常排斥的。

信号 3：焦躁、破坏
孩子说不明白哪里造成不适，表现的方式就是破坏。不会说话的孩子会一直拽掉衣服上的贴饰、纽扣。如果他 / 她总是非常焦躁地想要破坏它，一定要检查衣服是不是有哪里不妥。

💧 五个触感小检查，提升童装舒适度

摸一下

孩子的衣服水洗晾干后有点硬的话，用手搓一搓再给孩子穿。衣服穿旧了太硬的话，可以用儿童专用的、无害型柔软剂来浸泡清洗。

看一眼

有的纽扣背面裸露着打结的线头，久而久之会割伤宝宝的皮肤。买了新衣服最好检查一下纽扣的线，有必要时全部换一换。

翻一遍

尤其是冬天贴身穿的衣服，翻开内层检查一下和关节接触的地方，例如膝盖、腋下等，如果发现孩子皮屑，那么证明这件衣服可能会摩擦皮肤。

掂一掂

衣服上的金属配件会加重重量，孩子穿起来不够轻便不说，这些小配件在线脱落之后，孩子容易放进嘴里误吞。

闻一闻

每个孩子都有体味，如果洗晾衣服后还是比较重：一是清洁不彻底，需要更换清洁模式；二是衣料纤维水洗性差，吸附的皮脂（散发味道的源头）不容易清洁，而这种面料往往也是不舒适的面料。

在穿搭中倾听宝贝的喜好

　　给宝宝的衣服不能只有实穿性，符合宝宝真正喜好、利于挥洒个性的穿着代表妈妈的巧妙心思。在穿搭中善于挖掘宝宝的喜好，给予风格的加强，说不定更容易找到培养潮童的绝佳线索。

塑造可爱感的单品

卡通撞色无袖 T 恤

卡通满印长袖防晒外套

舒适毛毛虫鞋

背心式卡通图案连衣裙

撞色舒适套装

立领拼色羽绒外套

卡通休闲纯棉套装

卡通绣花棒球帽

卡通印花短袖 T 恤

以讨喜可爱的设计彰显童心和略搞怪的潮童态度！

塑造搞怪风格的单品

撞色波点束口中裤

卡通图案高帮运动鞋

卡通主题图案 T 恤

搞怪卡通圆领 T 恤

波点舒适套装

卡通图案 T 恤

锯齿边缘造型中裤

炫彩涂鸦印花棉服

卡通印花长袖 T 恤

利用强饱和度对比配色和卡通元素，突出充满欢乐的亲子关系！

🗣 塑造可爱形象的单品

手绘图案两件套式连衣裙

字母图案两件式套装

休闲纯棉短袖套装

两截式卡通舒适套装

女孩卡通棉质短袖T恤

圆头平底玛丽珍鞋

波点蝴蝶结高腰连衣裙

卡通图案圆领背心

纯棉舒适圆领T恤

陷入柔美的梦境，做最惹人喜爱的暖男和甜心！

塑造酷感气质的单品

卡通图案插肩式 T 恤

卡通豹纹短裙套装

豹纹字母长袖 T 恤

船锚图案直筒长裤

星星图案潮款卫衣

金属质感皮带扣雪地靴

几何图腾短袖中裤套装

酷感波点 POLO 衫

潮感图腾圆领卫衣

耍帅有理，打造酷感潮童最强风势！

打造令人羡慕的和谐亲子装

亲子装不是穿着同样的衣服秀和美，具有超高衣商的父母会通过运用元素、细节对照、长短搭配等方式，把全家"统一"起来。

同一种元素用不同的方式呈现，通过下装长短变化打造和美一家！

🎈 最潮亲子装这样穿

如果亲子装的核心单品已经高度一致，那么可以通过下装或者配件让每个人都各有不同。在细节中，孩子可以多引入孩童喜欢的元素，例如有着卡通布贴的牛仔裤，而大人可以引入成人时装元素，例如妈妈所穿的流苏牛仔短裤。这样不仅元素统一，而且大人和孩子都有适合自己年龄的风格体现。

利用强饱和度对比配色和卡通元素，突出充满欢乐的亲子关系！

最潮亲子装穿搭备忘

　　卡通是没有年龄界限的，尤其在举家出行的场合一定是制造欢乐的元素。孩子穿着清爽的颜色，大人则驾驭有点酷味的单品，各自都能演绎出适龄的潮感。建议在鞋子类型的选择上也不要一模一样，妈妈选择帆布鞋、爸爸选择运动鞋、女儿驾驭小皮鞋、儿子穿着休闲鞋，类型差异能极高提升整体搭配的丰富度。

听听这些潮妈的搭配经验

潮妈：薛莎莎 sasa

职业：模特、童装品牌主管

🌀 孩子对色彩具备天生的敏锐性

    成人对色彩总是会设置许多壁垒，架设许多穿衣框架，sasa 认为这些都会对孩子造成束缚。Sasa 会给孩子很多的色彩，有粉色的柔和、黄色的朝气，也有灰色的清秀、黑色的雅致，不会刻意回避黑白灰。"孩子天生的气质不怕黑白灰的暗调，世界是多彩的，也包括各种深色，不应该拒绝"，许多人觉得 sasa 女儿的穿搭方式甚至可以用于成人，这是 sasa 反对给女儿架设穿衣框架的缘故。

🌀 量体裁衣是过去时

    Sasa 不赞成为了让孩子的衣服穿得久一些，而购买宽大的衣服。她认为"合身"也未必是选购童装的标准，有时候需要根据衣服的风格来决定大小。选购剪裁修身或者正式场合穿着的服装，尺码可以稍微小一些；剪裁宽松或者休闲场合穿的服装可以大一点，应付当下的氛围，而不是固执地追求"合身就好"。

🌀 男孩、女孩的色彩偏好

    虽然许多貌似权威的言论都支持男女之间存在色彩偏好，但其中也有一定的社会因素，譬如父母总是给男孩更多的蓝色和绿色，而女孩一律穿着粉色以及黄色，如果调换过来，结果也一定是不同的。因此不要刻意强化性别色彩的差异，遵照孩子的喜恶是比较提倡的准则。

潮妈有话说

Q1：你认为父母的穿着方式会影响孩子吗？你们是怎么做的？

A：会影响，所以我们希望孩子意识到根据场合穿衣是很重要的，平时有这类机会时都不会随便穿。

Q2：你如何启发孩子自己穿衣搭配？

A：帮她搭配一部分，然后剩下的部分让她自己完成。例如我帮她选好了衣服，她可以自己搭配鞋子和包包。

Q3：你认为风格对孩子而言重要吗？孩子能理解风格吗？

A：她能理解，孩子知道有很多种不一样的穿着类型。我希望孩子的眼光要从小培养，多看多接触，毕竟穿衣搭配对女生而言是一种非常重要的知识和学问，是贯穿一生的事情。

Q4：你平时带孩子去买童装吗？如何引导她正确的消费习惯？

A：我喜欢跟女儿一起逛街，她这个年龄已经知道打折、优惠这些事情。我会告诉她买衣服不能因为"划算"才买，而是基于你真的需要，需要才是消费的考虑要点。

Q5：你怎么教育孩子什么是"美"的？

A：美不是完美，而是协调。例如一套衣服要搭配这双鞋子才是协调的，和其他搭配就会显得矛盾、突兀，我希望她看到其中的区别，形成选择的能力，我希望她成为"善于选择"的人，在包括穿衣搭配的各个方面。

潮妈：李在心

职业：全职妈妈

⬤ 得体，是孩子出生就应具备的穿着权利

李在心作为一位富有主见的潮妈，她对孩子的穿着方式有着一套独到的见解。她认为开裆裤是一种对宝宝极不尊重的发明，为了方便大人带宝宝，而忽视了宝宝应有的穿着权利。她同时也是一位能掌握宝宝穿衣打扮大权的女王妈妈，在爷爷奶奶、外公外婆中间能坚守自己的观点，坚持这样的理念：除了选择健康饮食和培养积极的心理条件以外，孩子的装扮举止是非常重要的教养部分，培育孩子不能割舍这块内容。

⬤ 孩子的成长是在对美好的想象和试探中完成的

在心的女儿虽然才三周岁，但是从一岁开始就对搭配表现出强烈的喜好，"一岁的时候会翻箱倒柜拿出帽子、围巾和鞋子搭配，现在会自己搭配衣服和鞋子，而且很有条理，不胡乱配对"，在心也表示非常意外。有一次女儿想要拥有和其他孩子一样的卷发，在和他爸爸商量之后，在心试探女儿："烫发需要两个小时不能乱动，你能坚持吗？"后来女儿竟然没有一丝烦躁全程安静地完成了烫发。这件事情以后，在心认为作为父母可以维护孩子的爱美之心，孩子的成长有时候就是从她对完美的想象和试探中完成的。

⬤ 和孩子一起追求美好

在心为孩子选购衣服也很有目标性，实体店的童装观感直接，能直接看到质地和色彩；网络选购便利，可以浏览比照不同品牌的设计风格；高端一些的独家定制店铺也时常光顾，因为有见解非常独特的设计师，衣服不容易和别人撞衫。在心和孩子都是爱美的，作为漂亮妈妈，在心觉得孩子会受到一点潜移默化。她也会告诉孩子，在大人眼里，孩子的美好不只是外表的。

潮妈有话说

Q1：你认为孩子有审美观吗？

A：谁说小朋友没有审美观的？不能再拿以前的老思维来衡量孩子的想法。孩子天生就拥有善于发现美好事物的眼睛，作为大人不能"自降标准"，应该大方鼓励她去塑造属于自己的"美好"和"完美"。

Q2：孩子哪个瞬间你会觉得她已经长大了？开始有对美的需求了？

A：每次穿一套新衣服，她都会自己建议留影。她最喜欢蕾丝连衣裙，喜欢化身为公主。当我慢慢观察到她具备审美的天赋，说实话我非常高兴，就像发现一个未知的宝藏一样。

Q3：你认为那么小的孩子需要自信吗？你如何培养孩子的自信心？

A：孩子需要自信，也需要来自父母和大人的认可，一个好的、适度的装扮可以给她带来更多的自信。从小培养审美观，是能提高她欣赏世界、欣赏事物的能力。孩子不懂得成人的金钱观，不迷信品牌，不追求高端，这些都是好的，我希望她长大以后也会成长为一个有主见、有一定生活品质和穿着品质的女孩。

Q4：怎么去选择孩子的衣服，你的标准是什么？

A：童装的设计和质地我都非常注重，首先质地一定要吸汗、透气、柔软，接着我再考虑款式。具体一点的话我不太喜欢缎质的衣服，既不吸汗也容易产生褶皱。

Q5：家里每个月给女儿的置装费用大致多少？你是怎么规划的？

A：女儿每个月置装费用有一千元左右，我认为在孩子方面的花销要视各个家庭的实际情况而定，父母们当然都想给孩子更多更好的，但我不支持盲目的铺张浪费，并且对于旧衣服我会洗烫整理好送给有需要的亲朋好友，这样比较环保。

🄰 孩子对美有超越年龄的理解能力

Sanny 作为时尚行业的一员，对潮流的事物有很强的反应能力，令她惊奇的是，自己的女儿也有这样的天赋。Sanny 让女儿自己决定"今天该穿什么"，觉得不太妥当的时候，会拿出杂志或者相应的图片给女儿看，母女俩一起讨论如何调整。"女儿非常聪明，她对美好的事物有超越年龄的理解能力，她能理解我给她看的图片到底美在哪里，我们该怎么做才能也这么好看"，和女儿一起分享装扮的心得让她非常享受作为妈妈的快乐。

🄱 潮妈眼中的时尚理想型

如何定义"潮"？ Sanny 认为她眼中的理性型女生应该是具备多元风格的驾驭力以及丰富的时装品味，她不单一、不单调，没有什么可以概括她，她却能树立一种典型和一种风格。Sanny 女儿的打扮仿佛也遵照了这种思路，她会给女儿购买潮牌童装，也会有唯美的公主裙，她不会告诉女儿必须按照专柜陈列的那样搭配，而是鼓励尝试更新的搭配方式。

🄲 来自女儿的甜蜜称赞

Sanny 的家庭氛围非常豁达开明，长辈也几乎不干涉女儿的打扮，女儿满一百天后就开始拥有各式各样美丽的衣服。"女儿每天都能自己搭配衣服和鞋子，作为妈妈很省心。"Sanny 还表示她觉得女儿以自己为荣是一种与众不同的感觉。有一次她穿了一件斜肩的衣服，女儿见人就说："快看我妈妈，她今天特别美！"虽然有点害羞，但觉得非常感动。

潮妈有话说

Q1：你的童装搭配经验从哪里来？你会如何引导新晋妈妈提高搭配技能？

A：我会看杂志也会追踪国外潮童的一些信息，看到觉得有新意的图片会存进手机。我建议妈妈多看海外潮妈的博客或者明星儿女的街拍，很多搭配方式都很有借鉴性。

Q2：你和女儿有母女装吗？你是怎么搭配的？

A：我们有不下十套母女装，平时外出都很注重互相搭配。我不大赞成穿母女装是妈妈穿大号、女儿穿小号，风格统一但是单品截然不同的话其实更让人眼前一亮。

Q3：你会刻意鼓励女儿自己搭配衣服吗？美的启蒙该怎么完成？

A：在女儿逐渐学会自己穿衣服、鞋子的时候，我就会在一边耐心地教她为什么这么搭配。孩子学习能力是非常惊人的，她也同样在观察你的行动，模仿你的穿着模式和搭配习惯，不用刻意去教。

Q4：怎么去选择孩子的衣服，你的标准是什么？

A：我觉得质地和设计同样重要，孩子皮肤比较幼嫩，质地上我会把控得认真一些，孩子穿着不舒适的衣服我不会强迫她继续穿着。设计我也注重，我认为童装应该要突出孩子的灵性和天真，不一定女孩就非得穿样式很老旧的连衣裙。

Q5：如何培养潮童？你是怎么想的和做的？

A：我想无论在她的哪个年龄阶段，我都会尊重她并告诉她具有主见的重要性。现阶段我会买一些她没尝试过的衣服款式，希望她不要有一个太固定的思维来打扮自己。孩子未来我也许无法预见，但希望她成为一个有独特审美观点并且有开放性审美视角的孩子。

潮妈：唐怡

职业：自由职业

把握只有一次的童年

妈妈聚在一起会讨论孩子的置装费，唐怡的观点是只要不过分铺张，可以给孩子装扮她最美好漂亮的时刻，成全一个幸福满足的童年。唐怡认为童年的时间很短暂，来不及握住就要流逝，纯真的孩子若是向往公主，作为妈妈不会强迫她遵循灰姑娘的务实。

给孩子适度的肯定

孩子在一段时间会变得很喜欢问问题，许多妈妈觉得麻烦往往爱答不理。唐怡的女儿Cherry两岁多，正是爱提问的阶段，"这样穿美吗？""妈妈我能化妆吗？"，只要有时间，唐怡很乐于和她一起讨论。"妈妈不要怕烦，孩子这个年龄段是最充满好奇心也是最充满想象力的，漠视她等于阻断了她的探索，一定要有耐心。"

不打扰孩子的探索

孩子的很多行为看起来像是"破坏"，实际上是特别好的事情。唐怡是一位观察力非常强的妈妈，Cherry有时候会将衣橱的东西全部翻出来，像玩她的玩具一样几件几件组合到一起，唐怡不会训斥她，虽然最后必须帮她收拾，但是她鼓励孩子积极探索、实践自己心中的疑问，而不是为了不麻烦，要求她必须成为乖巧安静的孩子。

潮妈有话说

Q1：你认为童装最重要的因素是什么？质地还是设计？

A：都重要，孩子对衣服舒适度的感觉是很敏锐的，好的设计能让孩子更得体，更受到大家的欢迎。

Q2：女孩臭美怎么办？作为妈妈你是怎么想的？

A：很正常，女孩天生就是爱美的，我不鼓励也不设阻碍，女儿天性追逐的东西我会尽可能地成全，希望她是快乐的。

Q3：普通妈妈如何提升孩子的搭配技巧，你的建议是什么？

A：建议不要按照专柜搭配好的组合购买，因为模式化的东西未必适合自己的孩子。多看杂志、上网浏览成功的搭配案例，未必需要只留意童装的资讯，多看成人的搭配方案也能推论出适合孩子的搭配方法。总之要做一个博览资讯的妈妈，对时尚的吸收是不能停止的。

Q4：你会刻意培养孩子穿搭审美的能力吗？

A：不会刻意去做，但是每天给她穿衣服的时候会问她喜不喜欢，告诉她妈妈为什么要这样搭配。因为有时候去的场合是有服装要求的，我会告诉她这么穿的理由，妈妈不能因为省事，就要孩子必须服从，有时候耐心一点说明，孩子会更容易理解其中的道理。

Q5：你认为养成潮童，妈妈最需要做的事情是什么？

A：一定要有主见，一般我到专柜买衣服不太会听取导购员的意见，我会坚持自己的想法，不容易被他人左右。

潮妈：Kassy

职业：教师

 辣妈主张： "妈妈的职责是在她喜欢的范畴里帮她筛选！"

　　孩子的喜好是不能被"安排"的，哪怕她只有一岁多，也会对事物有自己的喜恶之分。有时候给她粉色的东西她却偏偏喜欢绿色，所以妈妈的职责应该是在她喜欢的范畴内帮她筛选，而不是主导她的喜好，被过分剥夺选择权利的孩子都是不快乐的。女孩需要好好培养审美能力，因为美丽对女孩而言太重要了，未来她的生活一定会充满诸多选项，聪明的女孩知道为自己选择更合适的事物。

潮妈有话说

Q1：孩子衣服购买的渠道有哪些？为什么？

A：主要是海外网站以及私人定制。海外网站选择多，款式风格比较适合；私人定制是觉得可以给宝宝特别独特的礼物。

Q2：会穿亲子装吗？具体如何搭配？

A：会，全家一起穿，以浅色居多，因为浅色能适合全家人的肤色，并且看起来比较温馨。

Q3：如何培养孩子的审美天赋？

A：带她出去走走，吸取外界事物的营养，孩子虽然不会记录和描述，但是她会用天生的感官能力去感受这一切，会对将来的审美能力有影响。

潮妈：魔女33

职业：独立品牌创始人

👧 辣妈主张："让得体的言行和衣着成为孩子生活的一部分。"

　　不同意让孩子接触时尚衣着是一件"太早"的事，孩子需要知道：言行、衣着都会对他人构成影响，只要会影响他人都必须注意准则的问题。孩子可能不太知道成人世界的衣着礼仪规则，但只要他明白外表保持干净、衣着得宜等于是对别人的一种尊重就够了。现在有些童装配色过于浮夸，容易产生视觉疲劳，孩子其实也需要素雅干净的美好事物，选择衣服时我更喜欢质感细节取胜的类型。

👧 潮妈有话说

Q1：孩子还小，怎么让孩子明白穿衣搭配的基本规则？

A：我会告诉他: 如果妈妈不在身边需要自己找衣服搭配出门，你记住，身上的颜色不宜太花哨，搭配衣服、裤子、鞋子在你不知道穿哪件的时候，可以统一选择衣服或者裤子上的一个色块颜色进行搭配，这样一来基本上不会错，看起来是合理的。我觉得很多东西可以潜移默化地带给孩子，不需要强加。

Q2：你会局限孩子穿衣的颜色吗？为什么？

A：不会，色彩可以激发孩子内心的创造力和想象力，作为父母不应该剥夺。

Q3：许多父母喜欢将孩子打扮成小大人的模样，你怎么看？

A：朝成人的模版打扮只是一个方向，只要孩子喜欢没有什么不可以。时尚不分国界和年龄层，孩子也可以像大人一样。

潮妈：燕小妮
职业：主持人

🐞 辣妈主张："让孩子了解穿衣有不同的主题。"

　　上学、假日还有特殊的日子我会给孩子不同类型的穿着，久而久之她就会知道穿衣是分为不同主题的，应该根据场合穿衣。除了风格之外，颜色也会决定是否得体，我会告诉孩子各种颜色适合的场合。虽然对孩子而言，穿着舒适非常重要，但是视场合和对象而定是更高的准则。

🐞 **潮妈有话说**

　　Q1：你选购童装的标准是什么？

　　A：款式、颜色以及舒适度，女孩的衣服要把关严格一些，因为服装对于女孩的气质呈现具有不可忽视的作用。

　　Q2：你会把女儿打扮成小大人模样吗？为什么？

　　A：不会刻意让她穿很成熟的衣服，孩子穿符合年龄的服装看起来更自然，等她长大之后就自然而然喜欢成熟的服装。

　　Q3：你怎么教育孩子穿衣搭配的正确道理？

　　A：不用刻意去教，让孩子最大限度保留自己的喜好，妈妈可以从旁提一些建议。

潮妈：黄丽

职业：电台主持人

🔵 辣妈主张："不从自身放大，尊重孩子的选择。"

我是一个喜欢多元风格的人，各种款式的衣服都很喜欢尝试。可能和我从小的教育有关系，我的父母从来不约束我的选择，哪怕是衣服。现在我也让女儿和儿子自己决定穿什么衣服出门，尤其是周末，全家都会选择比较舒适的打扮，从忙碌的生活节奏里解脱出来。在长辈生日、家族聚会这种正式场合我们就穿的比较精致一些，我们家属于非常有穿衣默契的。

🔵 潮妈有话说

Q1：你选购童装的标准是什么？

A：目的性和舒适度，孩子的衣橱里确实要准备几套特殊场合能穿的衣服，舒适度是每件衣服都必须具备的要求。

Q2：成人穿衣为了修饰体型，你认为孩子需要吗？

A：需要，但不是必要，孩子穿衣要以舒适为主，和孩子身材比较符合的衣服最好。

Q3：你认同孩子不需要那么讲究的说法吗？

A：不认同，孩子也知道美丑的区别，更何况穿衣搭配不仅和美丑有关，它是一种讲技巧的方法论，孩子能明白对他／她的一生都会受益。

Chapter 2

这些必备单品打造潮童衣橱

　　每一套得体的衣着源自每一件单品的合理搭配！父母需要树立正确的择衣观，为孩子选择既舒适又得体的百搭单品。买对单品，不仅能提升孩子衣橱整体的穿搭力，丰富穿着风格；经典实穿，还可以确保不浪费、不乱购衣服，一件实现百变。

变形金刚的印
花图案满足了男孩
的英雄梦想，搭配
哈伦裤打造出街头
潮童的风格。

绿色七分裤搭
配白色T恤的鲜明
对比令肤色显得白
皙阳光，记得把裤
脚挽起来会更加清
爽利落。

简单T恤也能穿出百变风格

款式简单的T恤通常只能通过印花元素和剪裁样式上变化风格，除此之外，也可以
从下装的不同搭配上营造出自己想要的百变风格。

卡通图案俘获孩子欢心

选择多彩的卡通图案，不仅
令T恤充满了童趣，也能俘获孩
子的欢心。这种图案的T恤无论
是在玩耍还是在休闲场合，都能
发挥不小的穿搭功能。

缤纷色彩符合孩子特性

色彩心理学上讲，太过沉闷
的色彩会让人心情压抑，缤纷的
色彩才更符合孩子的特性，给孩
子选择色彩丰富的T恤有助于培
养他开朗的性格。

纯棉面料避免过敏问题

男孩子喜欢跑跳玩闹，容易
出汗，所以选择柔软、吸汗、透
气性好的纯棉T恤不易给孩子的
肌肤带来过敏问题。

深蓝色竖条纹长裤给T恤加上了一点嘻哈气质，选择松紧的裤腰对孩子来说更易穿脱。

牛仔裤与T恤的搭配让孩子有了点"小男人"的味道，低调的风格让孩子看起来更加沉稳。

插肩袖设计更适合活动

插肩袖的设计将袖子延伸到领口，使双手活动更加自如，适合活泼好动的男孩子。

高饱和度色彩消除沉闷

对于一些底色比较沉闷的T恤，选择上面印有高饱和度色彩简单图案，就能够轻松化解这些沉闷感，让低调色也能穿出时尚感。

T恤领口不宜过宽

男孩子尚在发育期肩膀不会太壮实，因此选择T恤时领口不宜过宽，否则会显得孩子有些懒散。在日常活动过程中，合适的领口才会让T恤整体更加合身。

海军蓝条纹裤加强了POLO衫的文艺气质，几道高饱和色彩的装饰也让它不失活泼。

鲸鱼图案保持了孩童的天真，搭配领结马上穿出小绅士的味道。

POLO 衫穿出绅士和嬉皮两种风格

实穿性极强的 POLO 衫可以通过搭配散发不同的气质，即使是毫无搭配经验的妈妈，也能通过下装或者配件区分 POLO 衫的不同风格。

🔹 搭配修身长裤更挺拔

POLO 衫如果搭配宽松的裤子就会显得慵懒松垮，更暴露男孩发育中暂为瘦小的腿部。选择修身的长裤，大腿以及小腿位置最好略微贴身，男孩会看起来更加挺拔有型。

🔹 尺码合身更显精神

妈妈为男孩选购 POLO 衫时一定要注意肩膀的剪裁是否合体。POLO 衫本身就是一种标志着大人符号的单品，尺码过大的话看上去更显得老成、缺乏朝气。

🔹 饱和亮色不可或缺

3~10 岁的男童一般都喜欢饱和亮眼的颜色，可能会抗拒太单一的色泽。如果希望从小培养他简洁的穿衣风格，可在细节上满足他的喜好，在领口、袖口这些位置亮起来吧！

饱和朝气的红色通过肩部的圆点图案收敛，将乖巧和活泼融为一体。

拼色设计更大胆，适合外向开朗的男孩，无论走到哪里都会是人群中的小太阳。

荧光色调更具年龄特性

色度饱和就够了？不，最好拥有荧光色调，才能让稚气未脱的男孩亮眼起来。越是鲜艳的颜色越要把控色调的高低，饱和度高的亮色才能凸显男孩的活泼朝气，否则会穿出不相宜的成熟感。

加入运动元素破解沉闷

男孩喜欢的篮球、赛车、极限运动、英雄人物等元素都在POLO衫的设计中非常常见，此类元素能将一贯优雅的POLO衫变得更特立独行，无论何种性格的男孩都会深深喜欢的。

短款设计更适合好动性格

别让POLO衫的下摆超过臀线，否则男孩看起来会显得有些驼背，并且比例不佳。短一点更适合他的年龄，还能顺便培养他选择一条更适合自己的皮带的搭配习惯。

衬衫穿出休闲和正式两种风格

百搭基本款之一的衬衫适合微凉季节，也是出现在街头频次最高的一种款式。对男孩而言，衬衫的穿搭方式非常多，既可以叠搭背心、T恤、马甲、外套，又能单独呈现，非常容易塑造不一样的风格。

英伦风格增添书香气质

经典的英伦格纹以蓝白、红蓝格纹最为常见，搭配西裤会显得比较正式，而搭配牛仔裤就会比较休闲，可以依据场合而定。

暖色调适合秋冬季节

温暖的橙色格纹对于男生而言有点明艳，但是却很符合小男孩活泼开朗的特性，在秋冬季节选择这种颜色的衬衫来搭配衣服非常暖心。

竖条纹拉长身材比例

竖条纹的印花可以在视觉上拉长身高，这种印花的衬衫千万不要束腰，否则就会产生上下部分被截断的感觉。

经典的英伦学院风格纹，是衣橱中的"万年单品"，既适合上学，也适合参加一些校外的文化活动。

在显得比较稳重的格纹里搭配颜色明亮的T恤可以弱化格纹带来的严肃感。

🔵 **多元素搭配更有看点**

　　波点和格纹混搭就是将"玩搭"的理念落到实处，即使没有缤纷的色彩也能穿出活泼朝气的感觉。

🔵 **圆肩设计看起来更休闲**

　　圆肩的衬衫弱化了衬衫的正式感，袖笼和腋下部分较为宽松，让手部的活动空间加大，穿着也更加舒适。

🔵 **袖子挽起来会更有造型感**

　　在穿衬衫时，将袖子挽到手肘的位置，会让人看起来更有活力。如果里面穿了长袖，一定要将内搭的袖子也一同挽起来。

🔵 把抢眼的豹纹元素融入纯净乖巧白T恤，混搭"乖"与"坏"是潮童必备的穿搭方式。

🔵 圆点搭配白色包边让朝气感呼之欲出，搭配牛仔裤就立刻变身街头休闲风格。

穿着短款哈伦裤时，褶皱堆于膝盖，既有休闲的感觉，也对好动男孩的膝盖有一定的保护作用。

哈伦裤的弹力裤管束口正好位于膝盖关节的下方，这种设计不会影响腿部的血液循环。

哈伦裤是好动宝宝的舒适选择

无论潮流如何转变，妈妈只想给孩子最小的束缚感。没错！不同长度的哈伦裤会契合每个孩子不同的好动程度。因为没有裤裆的限制，所以在穿脱和运动的时候都不受丝毫限制。

小裤脚不会显得臃肿

哈伦裤显得臀部大，因此下半身看起来比较臃肿？其实只要选择小裤脚的哈伦裤，不仅不会显得臃肿，双腿看起来反而会更加纤细。

抽绳裤腰延长穿着年限

抽绳裤腰能让腰围随时调整到孩子最舒服的状态，不仅延长裤子的穿着年限，对好动的孩子而言更方便穿脱。

注意上装的长度

搭配哈伦裤的上装长度不能随意，长度最好不要超过臀部，否则就会穿出短腿的感觉，最佳长度是刚好覆盖在哈伦裤的裤腰位置。

长款哈伦裤只要具备九分裤的长度，对喜欢高帮鞋的孩子来说是恰好合适的。

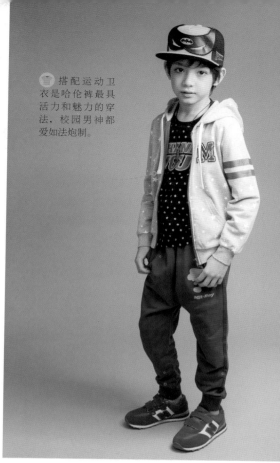

搭配运动卫衣是哈伦裤最具活力和魅力的穿法，校园男神都爱如法炮制。

🔵 慎选裤裆太大的哈伦裤

有些哈伦裤为了追求嘻哈效果会把裤裆做得非常大，但是太大的裤裆并不适合孩子的日常活动，所以在选择的时候应注意哈伦裤的裤裆大小适当即可。

🔵 避免穿出家居裤的雷同感

哈伦裤穿上去像家居裤？问题可能出在尺码上。哈伦裤即便需要一定的宽松度，但在小腿位置一定是需要贴身的，上松下紧的哈伦裤才能避免与家居裤的雷同感。

🔵 与雪地靴是经典的好搭档

哈伦裤与雪地靴搭配是经典的组合搭档，二者都以舒适实用见长，在秋冬季节这样穿搭很有北欧的风格。

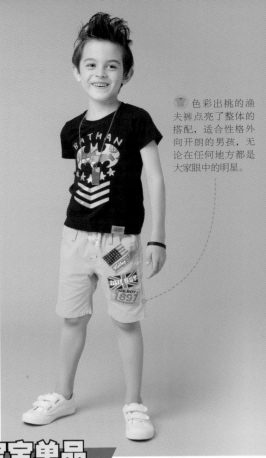

同色系的搭配是最不容易出错的搭配法则。如果觉得有些单调，可以选择一些有印花和图案的上衣。

色彩出挑的渔夫裤点亮了整体的搭配，适合性格外向开朗的男孩，无论在任何地方都是大家眼中的明星。

渔夫裤是最百搭的男宝宝单品

主打休闲风格的渔夫裤，是夏天妈妈给孩子搭配时运用到的高频率单品之一，简单宽松的裤型配上明亮的颜色就很有清凉夏天的感觉。

饱和度高的颜色让下装更出彩

如果不喜欢颜色太过艳丽的下装，可以换成饱和度较高的颜色，如宝蓝色、酒红色、棕黄色等，这些饱和度高的颜色虽然不艳丽但也不会显得沉闷。

男孩更喜欢工业感的设计

明确的缝线、突出的口袋、反折的裤腿……这些看起来更像"硬汉"的工业感设计会受到大男孩的欢迎，弱化了渔夫裤宽松剪裁带来的慵懒感。

运动面料更方便活动

将传统的纯棉面料换成带有弹力的运动型面料，给渔夫裤加入运动元素，可以直接代替运动短裤穿着。

七分渔夫裤中搭配黑色紧身裤，让孩子一下拥有20岁的超酷帅气。

给渔夫裤加上背带后立刻变为学院气质浓厚的背带裤。通过小物切换风格的做法，建议妈妈们多多尝试。

考虑坐姿的舒适度

由于渔夫裤不属于裆部特别加宽的款式，和大多数裤子的选购要点一样，购买渔夫裤时也要注意考虑孩子坐姿的舒适度。

合理搭配夏天频现的冰激凌色

渔夫裤是夏天的高频出镜单品，在颜色上自然也更迎合夏天的审美。搭配冰激凌色裤装的方法是选择白色T恤或者用撞色的方法，尽量避免同色穿搭。

选择合适的裤腰松紧度

孩子在发育，身体每天都有变化，所以松紧裤头更加适合孩子的穿着。妈妈在选择松紧裤腰的时候，选择比孩子的腰围小1.5~3厘米的即可，太松、太紧都不合适。

牛仔裤宽松一点更适合多动男宝宝

　　不论是大人还是小孩，衣橱里绝对不能缺少一件牛仔裤。给孩子选择牛仔裤时稍微选择宽松一点的款式，更适合多动的男宝宝。

布贴让牛仔短裤充满童趣

　　在牛仔裤上贴上一些孩子喜欢的布贴，可以激发孩子的创意精神，还能让牛仔裤也变得更有趣。

别让孩子真的像个牛仔

　　裤装是牛仔面料，不宜上装也选择牛仔，尤其在牛仔这种标志性非常强烈的质料上，"太统一"是时髦的终点。

印花牛仔裤更有活力

　　印有椰子树叶图案的牛仔裤立刻被赋予了度假风情，浅色系的色调也会释放掉传统牛仔裤的厚重感。

　　在牛仔短裤里穿袜子绝对是潮童的行为，你也可以将黑色长袜换成中筒棒球袜，变成典型的英伦小王子。

　　深色牛仔短裤比浅色系显得更加沉稳内敛，搭配简单的T恤，就能穿出小型男的感觉。

⬤ 哈伦牛仔裤很时尚

将哈伦裤的款式与牛仔布料结合，去掉了一点嘻哈风格，也让牛仔裤的款式变身更多可能，在搭配上也可以搭出更多风格。

⬤ 去掉不适合校园的时装元素

如果孩子常常要将牛仔裤穿进校园，就要避免做旧、抽丝、破洞这些成人牛仔裤常见的时装元素，这些元素对校园而言有点"太超前"。

⬤ 别急着让男孩束上腰带

细心的妈妈会发现男童的牛仔裤多数采用松紧腰带的设计，不会把握皮带松紧度容易造成血液循环不畅，尽量别让他过早穿戴腰带，尤其是质地硬挺的皮带。

⬤ 长款牛仔裤可以让他喜欢的球鞋和 T 恤更加活力四射，宽松一点感觉更贴合潮童的做法。

⬤ 在日常穿搭中将稍微有点长的牛仔裤脚卷起来，会显得更加轻松、惬意。

简洁的款式被温暖的颜色点亮，是一件极容易穿出瞩目度的单品。

蓝色的开襟毛衣搭配格纹衬衣，将文艺气质与开朗的性格合二为一。

将毛衣穿出层次感打造小绅士

柔软的毛衣是春、秋、冬三季的必备款，拥有良好的保暖性能。开襟毛衣可以做外套也可以做内搭，而套头毛衣风格休闲，是修炼气质的百搭单品。

提花让开襟毛衣变得更有趣

或可爱或夸张的提花打破了传统毛衣的呆板感，印花也能起到收缩毛衣臃肿感的视觉作用。

低领宽口设计更洒脱自如

低领开襟毛衣舒适度更好，还可以打开全部纽扣变身开襟外套，对活动时体温容易升高的孩子而言，这类毛衣更便于穿着。

尺码合身才不会显得臃肿

穿毛衣不等于变臃肿，购买时选择合身的款式更显得孩子身姿挺拔。试穿时看三个位置：腋下、腹部、袖口，都不要有多余的堆积感，否则会穿出小胖子的感觉。

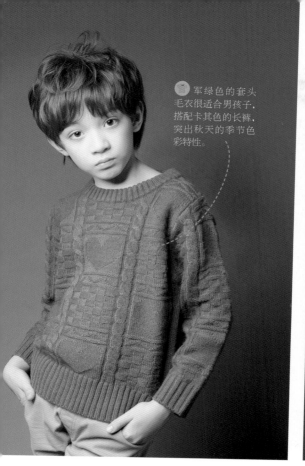

军绿色的套头毛衣很适合男孩子，搭配卡其色的长裤，突出秋天的季节色彩特性。

在套头毛衣里搭配衬衣，露出衬衣领子来让慵懒的毛衣显得更加有活力。

冷色调毛衣更有男子气概

许多妈妈喜欢给孩子挑选花花绿绿的毛衣，其实低调的冷色系颜色更能衬托出孩子的气质感。

插肩袖让毛衣更时尚

插肩袖款式的毛衣上身的时候，肩部线条自然垂落，不会堆积在肩头，穿在身上更加轻便、有活力。

内搭单品并非越宽松越好

尽量不要直接穿着毛衣，建议给孩子选一件面料柔软、剪裁合身的内搭，过于宽松的内搭会在叠穿毛衣后出现褶皱，这些褶皱会摩擦孩子的皮肤，造成不适感。

🌸 和真实腰线水平的中腰设计能突出孩子的纯真感，适合高挑的女孩子。

🌸 用花边的形式明确腰线，孩子更喜欢，也能轻松完成重塑比例的任务。

连衣裙选对腰线彰显完美比例

年龄再小也不意味着可以放弃身材比例，给小女孩选择连衣裙的时候，腰线的比例非常重要，中高腰线能够将身体比例整体往上提升，彰显完美比例。

👗 **欧根纱裙身最具公主风**

比起一般的纱裙，欧根纱更有骨感，能够撑起和达到公主裙要求的蓬蓬的感觉，挑选这种材质的公主裙更加合适。

👗 **带蓬度的褶皱更有质感**

为了达到理想的蓬度，许多单品通过硬挺的布料来实现。追求质感的妈妈可以选择拥有较多褶皱的裙摆，通过布料的折叠实现蓬度，而不是选用僵硬挺括、毫无垂坠美感的布料。

👗 **百褶裙带来复古感**

中高腰的百褶裙设计，提升腰线的同时还能遮盖肉肉的屁股，穿在身上很有小淑女的气质。

粉嫩的格纹连
衣裙搭配彼得·潘
领复古可爱，搭配
同色系的帽子整体
感更强。

高腰裙不仅能
够提升孩子的身材
比例，还能遮盖小
孩子都有的"肉肉
肚"。

短款设计让蓬蓬裙穿着
频率更高

　　长款的蓬蓬裙会显得比较隆
重，不适合日常出行，所以给小
女孩选择短款的蓬蓬裙，穿着频
率会更高。

特殊材质必须具备里衬

　　随着科技的发展，很多新型
的面料也被运用到童装领域，对于
这种新面料的裙子，一定要检查裙
身内是否有减少摩擦的柔软里衬。

小碎花点缀出田园风格

　　清新可爱的小碎花带着满满
的田园气息，对于这种碎花风格
的连衣裙，只要在腰间加个颜色
明亮的腰带就可以了。

套装为宝宝的淑女气质加分

成熟遭遇稚气，谁说就会自相矛盾？套装并非大人的穿衣专利，将成人套装变为迷你版，小孩子也可以轻松掌控这样的成熟优雅风格。

👚 不合身就像偷穿大人衣服

无论是成人还是小孩的套装都要讲究合身性，不合体的套装让人看起来很不精神，而且有偷穿大人衣服的感觉。

👚 正式的着装不可或缺

告诉孩子出席正式的场合必须穿着相应得体的衣服，应该选择合身的而不是宽松随意的款式，而且最好搭配皮鞋和手包，从小让她知道根据场合穿衣的重要性。

👚 为套装选择内衣

开始出现明显的性别特征时，妈妈就要注意给女孩选择内衣了，尤其针对浅色薄透的衣物，更应该为她做好防备。

👚 象征成熟的玫瑰和优雅的黑白相遇，也能谱出孩子简单至极的外形风格。

👚 优雅中的梦幻元素，让孩子的甜美放大数倍呈现。

🦋 纯净色调打造时尚名媛风

纯色系的套装少了烦琐装饰物的轻佻和浮夸，将女孩端庄优雅的淑女气质衬托得淋漓尽致。

🦋 整体套装看起来才够正式

整体套装不只是绅士的常用装备，女孩子穿上整体套装，不仅显得更加干练，也很符合很多正式晚宴的场合要求。

🦋 搭配项链、小包、小物增加气势

穿着套装时搭配一些装饰物，如帽子、项链和小包等，可以让整体搭配显得更加用心，也能培养孩子自己的搭配经验。

🦋 泡泡袖修饰了略显单薄的肩膀，"小大人"看起来更加有模有样。

🦋 如果套装的下装是裤子，一定不要让裤子的臀围看起来太过宽松。

中长型的衬衫可以直接当作裙子来穿，搭配打底裤或者保暖性较好的中筒袜。

A 字型的衣身设计使衬衫廓型感更加强，散开的衣摆营造活泼感。

衬衫是既保暖又时尚的百搭单品

女孩和衬衫无缘？不，请跳出这个界限！衬衫是能轻松跨越多个季节的服装单品，不仅因为它厚薄合适、穿脱方便，搭配后也能呈现女孩身上欠缺的帅气感觉。

解开纽扣就对了

解开领口的两粒纽扣，孩子的朝气感就呼之欲出了。同类做法还有将衬衫的袖子挽成八分袖，突出专属于孩子年龄的活泼感。

搭配背带裤营造学院风

格纹衬衫搭配背带裤是学院风的典型搭配，一般选择卡其色、深蓝色或者黑色的背带裤比较百搭。

书包里的温度计

换季时在孩子的书包里放一件这样的衬衫，应对早晚转变的天气，既保暖又时髦。衬衫简单的穿脱方式，只要学会了穿衣的孩子都能自己完成。

😊 无袖衬衫在夏日更加清爽，可爱的卡通头像印花充满了童真。

😊 连身袖的设计增加了衬衫的休闲感，搭配牛仔短裤马上穿出潮童的感觉。

😊 **连身袖让肩部线条更圆滑**

　　连身袖的设计可以修饰肩部线条，让双肩看起来更加圆滑，打破了传统衬衣给人方方正正的呆板感。

😊 **前短后长的衣摆设计增加潮流感**

　　前短后长的衣摆设计增加了现下的流行元素，一件衬衫就可以让整体造型搭配显得更加时尚。

😊 **教孩子自己处理衣摆**

　　把衣摆最下方的纽扣解开，系成十字结，将乖巧的衬衫轻松变成休闲的模样，这种做法适合要外出游玩的孩子。

牛仔质料活泼阳光,是一种善于"阐述"外向性格的面料。

牛仔携手纱质,刚柔并济的合并让女孩的穿着方式充满多面性。

短裙搭出一衣多穿百变风

百搭单品之一的短裙虽然简单却有很多不同造型,比如A字型、百褶型、筒型等,任意一个款型都可以与不同的上衣搭出百变风格。

伞状蓬裙令双腿更加修长

伞状蓬裙以突出臀部的方式,间接令腿部更显修长,尤其是膝上几厘米的长度,更容易穿出笔直的小长腿。

引导女孩跳出穿衣框架

深色牛仔和浅色牛仔都是非常百搭的质料,深色帅气、浅色率性,跳出蕾丝框架的女孩更与众不同,作为妈妈可以引导女孩尝试多样穿搭。

一步牛仔裙是针织衫的经典搭配

宽松的针织衫让修身的一步牛仔裙显得更加合体,将西部牛仔自由、随性而又极具个性色彩的风格展露无遗。

一步裙搭配有设计亮点或者颜色出挑的 T 恤，突出修长的双腿。

鲜艳和明确的色调让一步裙呈现出孩子童真的风格。

短裙搭配修身上衣

短裙的搭配要注意上身的搭配要精致修身，突出窈窕感，切忌搭配过于宽松累赘的款式，会显得人很臃肿。

高腰短裙提升腰线

高腰短裙能重新界定腰线的位置，移到比中腰略高的位置就能缩短上身，进而使比例显得更完美。

百褶伞裙塑造健康身形

借助百褶伞裙散开的裙摆设计消除瘦削感，大面积的印花图案也能让身材看起来更加丰满，适合比较消瘦的孩子。

短裤提升女宝宝帅气感觉

给女孩穿搭短裤不要陷入男孩的穿搭套路，完全可以运用具有女孩标志性的上装进行巧妙穿搭，让帅气和甜美共冶一炉。

👕 上衣宽窄大不同

上衣的不同宽窄度对短裤的穿搭风格差异很大，搭配较宽松的上衣能营造轻松惬意的风格，而上衣如果变为紧身的款式，短裤就会变得偏正式一些。

👕 瘦腿需给大腿预留呼吸空间

要让双腿显得修长细致，短裤不要紧贴腿围，能保持大约两指宽富余空间的款式能让腿显得细长，同时也有助于散热排汗。

👕 短裤的优雅长度

选择短裤时，长度最好能达到离大腿根部 1/3 的位置，过短的款式不仅不便于走进校园，也不利于女孩的生理发育。

👕 简单休闲的穿搭法，宽松的上衣突显修长双腿，在视觉上拉伸女孩的身材比例。

👕 搭配荷叶边无袖衬衣，简单干练的风格因为荷叶边的点缀而不会显得老气。

破洞元素塑造街头风

　　破洞、水洗等元素似乎已经成了牛仔面料的固定处理方式，带着最原始的牛仔风，随意搭配一件衬衣就能成就街头风。

可爱印花充满童真

　　可爱的波点印花让牛仔裤充满了童真的趣味，也更能迎合小朋友的穿衣喜好，让小朋友爱上自己搭配衣服更有意义。

宽松款式更加清凉

　　对于小朋友而言，牛仔短裤不宜太紧包臀，宽松的款式更适合她们的年龄，也更加透气清凉。

牛仔短裤和牛仔马甲搭配起来酷劲十足，很有"小女王"的气场。

搭配颜色艳丽的上衣，让牛仔短裤不会令人觉得乏味。

欧式的重工蕾丝设计让衣服贵气十足，适合正式的晚宴场合。

紫色的A字型礼服，因为上好的面料而显得气质非凡。

小礼服塑造名媛气质

妈妈为女孩选择的第一件小礼服就是最好的气质教养，让她懂得化繁为简是挑选小礼服最正确的时尚素养。

缎面材质彰显贵族气质

优雅的缎面材质突显孩子的上品气质，良好的品位和优雅的谈吐也需要上等礼服来衬托。

礼服裙身不宜过长

膝上小礼服没有长拖裙夸张的浓墨重彩，十分适合需要走动的晚宴，还能演绎出大方利落的感觉。

纯色系塑造名媛气质

纯色系永远比让人眼花缭乱的彩色组合更悦人心目，比荧光亮色更温婉动人，也更凸显气质。孩子去晚宴只是增长见识，没必要打扮得花枝招展。

👗 印有充满童趣的黑白插画元素让小礼服更符合孩子的气质和特征。

👗 紫色格子礼服采用轻纱雪纺材质消减了传统礼服的隆重感。

👗 **风琴褶连身裙是优雅的代名词**

　　风琴褶是礼服设计中的常用元素，更容易地把握腰身的流线型剪裁加上中腰设计，无论是哪种身高的孩子都能立刻拥有完好的比例。

👗 **蕾丝覆盖带来华丽感**

　　在轻柔的纱裙上加上一层蕾丝装饰，端庄雅致符合宴会需求，也让看似不那么正式的雪纺衫增添了一缕华丽。

👗 **冰激凌色符合童年想象**

　　礼服不等于高高在上、雍容华贵，它们可以是粉嫩轻盈、悦色缤纷，而且这类型颜色更适合小朋友。

😊 单件毛衣适合凉爽的初秋季节穿着，搭配灯芯绒的一步裙充满秋天的气息。

😊 雪地靴搭配筒袜的穿法很时尚，注意选择与毛衣颜色一样的袜子会更和谐。

毛衣让孩子穿出大人模样

毛衣是带来温暖的单品，但可能也会因为选择材质和尺码的不慎，让孩子变得臃肿不堪。妈妈除了懂得挑选最保暖的毛料之外，还需要掌握不少的穿搭知识。

😊 搭配松紧内搭都相宜

搭配松紧度不同的内搭，紧内搭将针织开衫系上纽扣穿修身有型，宽内搭将针织开衫敞开穿放松随意。

😊 选择恰当的款式

毛衣的款式其实也很多变，有长袖、中袖、长款、短款之分等，可以根据季节的变化灵活选择。

😊 图案和颜色的选择

首先可以购买一件常规的白色或者黑色毛衣，这两种基本颜色的毛衣最容易搭配，图案可以依据孩子的喜好来购买。

即使没有裤装，
依然能通过袜子和
高筒靴营造活泼的
层次感。

套头毛衣和开
衫毛衣搭配，同材质
的搭配让毛衣的温
暖质感加倍升级。

点亮全身的关键单品

　　秋冬季节的外套多半采用深色，给孩子选择毛衣时可以反之选择亮色，作为点亮全身的单品。在大衣里崭露一抹亮色，能让孩子顿时变得明艳开朗起来。

根据季节挑选毛衣领口

　　在不同的季节对毛衣衣领的要求是不一样的，冬季可以选择高领毛衣，春季可以选择低领或者鸡心领。

购买毛衣时要注意的事项

　　一般新买的毛线衣都会有缩水的现象，因此，在为孩子挑选毛衣的时候选择大一号的毛衣会更保险。

跨季穿着单品既超值又百搭

换季的时候也是最不知道该穿什么的时候，好像所有的衣服都不适合当下的天气。其实没有不适合的衣服，只有不知道搭配的妈妈。

👕 跨季超实用单品：防晒衣

👕 适配季节：春、夏、秋三季

👕 夏日外出时，灼热的太阳会晒伤孩子的皮肤，所以出门时常备一件防晒衣。在很多突发天气里，防晒衣还可以挡风遮雨，实用度不可小觑。

👕 **特殊材质减少紫外线伤害**

防晒衣的特色材质可能减少光线中的紫外线对我们人体造成的伤害，在挑选时一样要选择有品质保证的防晒衣。

👕 **选择大一号更加通风透气**

防晒衣基本上是宝宝出行时才会穿到，一般直接套在衣服外面，所以选择大一号更加方便穿脱，也更好通风透气。

👕 **不要长时间穿在身上**

防晒衣虽然有防晒功能，但是不能做到贴身吸汗。针对年纪比较小的孩子，妈妈要尤为关注孩子是否出汗，及时减少衣服以免造成中暑。

孩子体温高，喜欢吹风贪凉，准备一件开襟式外套可以保护孩子易受寒的背部。

易携性非常重要

空调外套不需要太厚，在厚度上能满足卷起来塞进包中的要求即可。妈妈可以选择柔软的纯棉质料，孩子穿着睡觉也无妨碍。

尽量选择具有提醒作用的颜色

亮眼的颜色对视觉而言具有提醒性，告诉孩子到空调房内必须穿上，养成自己照顾自己的好习惯。

背衬和肩衬加强防寒

抵抗力比较差、年纪较小的孩子可以给他选择在背部或者肩膀具有保暖面料的款式，寒气容易从背部和肩膀侵袭，这两个地方应当加强防御。

对实穿度而言不仅可以做内搭还可以当外套,穿旧了还能作为家居服使用,是一物多用的全能型单品!

大两号延长可穿年限

本身就以休闲风格见长的衬衫不惧宽松,只要与相符的 T 恤作为内搭,即使穿着大两号的衬衫也无不妥。

最容易打造亲子装的单品

衬衫是最容易在成人世界找到吻合款式或者图纹的单品,从衬衫入手,无论是爸爸还是妈妈,都不难找到亲子装的"另外一半"。

穿不下的衬衫也能发挥穿搭余热

孩子长得快,穿不下的衬衫只能压箱底吗?不,把袖子系好可以搭在腰间,也可以搭在肩膀上增强休闲度,这样的穿着方式充满成人式的演绎风格,看起来帅气利落。

长袖POLO衫比圆领T恤更有单穿的优势，怎么穿都不会显得过于随性和懒散，还可以通过伸长缩短袖子来实现多季穿着。

🐰 搭配运动裤、牛仔裤都合适

POLO长袖衫搭配运动裤时就被赋予了更多的运动特征，而在搭配牛仔裤的时候展现的是不一样的休闲风格。

🐰 两粒纽扣穿出不同风格

大多数长袖POLO衫都在领口配备两粒扣设计，别小觑这个细节，穿搭力就在这里触发！单穿时可将扣子解开营造休闲感，需要搭配开衫、马甲、毛衣时，把扣子扣上立刻变得乖巧文静。

🐰 宽紧配合相得益彰

宽松的长袖POLO衫搭配合体的下装，合身的POLO衫则可以搭配宽松的裤子，一紧一松搭配穿着，不仅孩子感觉舒适，也符合穿搭常规。

背心式马甲是内外皆宜的单品，不仅可以作为薄款上衣的外搭，也能作为厚款外套的内搭，无论内外，都能发挥强大的保暖作用。

跨季超实用单品：背心马甲

适配季节：春、秋、冬三季

马甲必须能扣上

背心式马甲一定要能合上扣子或者拉链，这样穿在身上会更加灵活，方便孩子通过调整及时散热和保暖。

短款背心显得更有活力

比起长款马甲，短款马甲能减少因为内充饱满面料膨胀感而带来的臃肿感，而且短款的设计显得更有活力。

明亮色彩打破冬季沉闷

小孩子即使是在冬天也不能放弃可爱造型，无法避免羽绒服天生的膨胀感就用明亮的颜色来博得关注。

💬 孩子需要安全感，这种诉求会传达到服装上，作为妈妈要选择给孩子安全感的服装，这就是连帽外套深受欢迎的原因。

🄰 轻盈的保暖面料更受孩子喜爱

孩子不像成人能接受比较沉重的呢子、羊毛等保暖面料，所以作为妈妈要知道珊瑚绒、棉线这类轻盈的保暖面料更适合孩子。遇到讨厌穿外套的孩子，也可以从这个方向尝试解决问题。

🄱 孩子更轻便的拉链

在比较冷的季节，学校或者家里都会配备取暖设备，孩子每每进出都要解扣会非常麻烦。尤其是外套，选择拉链的款式更便于孩子自己完成。

🄲 开放式袖口

天气变冷，随着内搭衣物的增多，舒适度最差的应该是袖口的位置，秋冬季节选择袖子非束口而是开放式的外套，能减少孩子袖口处的不适。

Chapter 3

每个宝宝都有自己的穿搭风格

　　每个孩子都是各具特征和性格的独特个体！父母需要在了解孩子的前提下，做出最恰当的搭配选择。智慧的父母懂得依据孩子的肤色、体形、性格、行为做出选择。父母快速的应变能力让孩子无论在哪个成长阶段都能穿出潮童风格。

肤色白皙的宝宝如何穿出肤色优势

想让肤色白皙成为宝宝的穿搭优势？选择合适的配色就能让宝宝更显朝气。要让肤白的宝宝看起来更健康朝气，并非只有能产生强烈对比的亮色才能做到，饱和的颜色搭配反差色，也能衬出肤色的优势。

"亮黄搭配纯黑，耀眼且元气十足！"
耀眼的黄色帽衫搭配黑色下装，反差感让白皙的肤色显得元气满满。

"蓝白相叠朝气满分！"
清新蓝色给予白皙宝宝更通透的肌肤之感，袖口与领口露出叠穿痕迹是为整体造型加分的小心机。

"撞色擦肩设计，青春无敌！"
并非大面积亮色才能出彩，饱和感强烈的红、蓝两色会更显肤白。

"玩味卡通图案是点睛之笔！"
大面积的卡通印花夺人眼球，选择 T 恤上具备的色彩作为裤装的颜色最巧妙。

👕 "针对白皙宝宝，妈妈这样选单品！"

拥有白皙肌肤的宝宝是幸运儿，因为大部分颜色都能令白皙的皮肤更亮丽动人，衣着色系当中尤以黄色系与蓝色系最能突出洁白的皮肤，令整体显得明亮。色调如淡橙红、柠檬黄、苹果绿、紫红、天蓝等明亮色彩最适合不过。但白皙宝宝不宜穿冷色调衣服，否则会愈加突出脸色的苍白。

1 延伸肩部的个性图案为单调的浅色上衣注入时尚活力。

2 大面积印花中混合多种亮色显得活力十足。

3 领口的大红色压边设计提升宝宝的脸部白皙度。

4 短裤中波点与灰色的相衬效果显得活泼可爱。

5 蓝色是一种能提升白色亮度的神奇颜色。

6 醒目的亮黄色下装是让白皙宝宝脱颖而出的关键。

肤色偏黑的宝宝如何穿出阳光感

肤色偏黑的宝宝也许会对自己的肤色有点介怀，但是聪明的妈妈向来懂得引导，只要搭配了对的单品和颜色就会成为人见人爱的小太阳，让肤色成为另一种帅气！

"衬出健康活泼的饱和色着装！"
饱和度极高的绿色与蓝色是阳光男孩的专属标签。

"遵循不超过三种色调的衣着原则！"
黑、白、黄三种颜色，强烈对比的色彩搭配最能突出开朗的个性。

"露出结实的臂膀是健康活力的表现！"
露出手臂线条，树立热爱运动的活力形象。

"吸引目光的人气条纹！"
简单清爽，但不失个性潮流，条纹和橙色的搭配迸发出清新活力。

👕 **"针对麦色宝宝，妈妈这样选单品！"**

　　如果宝宝是肤色较暗的小麦肌，应首选高明度、色彩鲜艳的服装，这样穿着会显得精神、醒目，如明黄、鲜绿、湖蓝、红色等纯度较高色彩的衣服都能让麦色宝宝看上去更健康阳光，但强烈的黄色系如褐色、橘红等则可免则免，否则将令面色显得更加黯黄无光。

1 运动卫衣用热情的亮黄色最能代表这个年龄的朝气感。

2 蓝色让肤色摆脱黄色的暗沉之感。

3 印在胸前的个性字母印花凸显阳光型男的风采。

4 荧光色能让偏黑的肤色看起来更加健康活力。

5 永远抢眼的大红色散发的是无限的正能量气场。

6 不规则贴布拼接让男孩穿出热带岛屿风。

小个子宝宝也能穿出潮童气质

宝宝总是将无所不能的超人视为偶像，希望成为运动健将或者体育明星？个子瘦小没有关系，妈妈可以通过衣着让宝宝恢复自信！

"露出小腿，身材拔高！"
露出小腿的下装款式能让腿显得更细长，搭配露踝低帮鞋是关键。

"合体的款式延长视觉身高！"
背心加短裤的组合无疑是男孩们在炎炎夏日中的最爱，合体的款式更显个子高。

"穿出韩系小正太的气场！"
素色短款 POLO 衫能拉长身体比例，使小个子宝宝也能变身长腿欧巴！

"衬衫合身最重要！"
松垮的衬衣会使个子看上去更矮小挺括贴身的剪裁款式才是最佳选择。

👕 **"针对小个子宝宝，妈妈这样选单品！"**

　　太贴身或者太宽松的衣服都不合适，应选择合体但略有宽余的款式。饱和的颜色都具有膨胀感，挺括的面料不容易垂坠紧贴身体，都可以令瘦小的身材看似健壮。妈妈还可以通过选择哈伦裤这种膨大的剪裁形式，来掩盖过于瘦小的部分。

1 竖条纹的纹路有助于在视觉上拉长比例。

2 上下半身的色调越统一，塑造的整体感更拉长身高。

3 上衣和裤装都是短款，露肉显高原则同样适合男孩。

4 肩部与袖子的图案拼接给呆板的纯色衬衫注入俏皮感。

5 裤头采用对比鲜明的灰色，能无形中提升人们的视线高度。

6 运动短裤融入色块拼接，巧妙地拉长腿部线条。

微胖宝宝如何穿出自我风格

如何让婴儿肥变成女孩的可爱之处是智慧妈妈的考题，选择对的单品就会让"看起来胖嘟嘟的"变成赞美。

"胖嘟嘟的小肚子不见了，像不像公主拥有的长拖尾礼服？"

背心式的大摆连身裙轻松遮盖了腰部、臀部以及大腿，让孩子轻松"瘦身"。

"肉肉的穿起来更美的款式！"

半透明的薄纱长袖弱化了圆润的小手臂，三段式裙身是修饰胖乎乎下半身的最佳剪裁方式。

"这就是长腿公主的裙子！"

在常见的高腰裙腰线位置加了一层挺括的小裙摆，让裙摆如瀑布般垂坠，修饰效果显著。

"借鉴大人衣橱中的经典单品！直身裙穿出好身材！"

让上下半身曲线更匀称的直身裙设计也适合小女孩，你要做的就是给她一个更亮眼的颜色。

🎀 "针对婴儿肥，妈妈这样选单品！"

　　散开的大摆设计是修饰丰腴身体的利器，无论是高腰裙还是低腰裙，只要和大摆结合就能转移对小肚子的注意力。大廓形的裙摆也能通过对比作用穿出小长腿，但是厚质地也有闷热问题，因此可以通过选择多层纱或者多褶皱的设计来避免。

1 通过增加内衬纱来提高蓬度的裙摆，能穿出纤细的小长腿。

2 低腰设计，让小胖腰"关"在裙身里面。

3 两段式 A 型裙身适合胖嘟嘟的梨形身材。

4 腰线中央的大蝴蝶结担当的是瘦腰的重任。

5 小大人姿态的直身裙通过提升的裙摆悄悄地把胖胖的肚子藏好。

6 图案和质地都不一样的两段式设计让比例趋于完美。

瘦弱宝宝如何穿衣显健壮

磕磕碰碰是顽皮宝宝的家常便饭，妈妈怎么搭配孩子的衣服才能给他全方位的保护？搭配时不仅要注意关键部位的保护，选择柔软耐磨的面料也是聪明妈妈的小秘招。

"能传达活力、饱满视觉信息的大红色！"
红色永远给人活力、饱满的感觉，一件就能化解单薄印象。

"轻盈饱满才不会臃肿！"
看似膨胀的马甲借助横向压线设计，因而不会显得臃肿肥胖。

"叠穿秘密增肌！"
卫衣帽衫与外套叠搭的穿法一直是热度不减的潮搭方式，叠穿的厚度让宝宝更"有料"。

"帽衫让羽绒外套更轻盈！"
帽衫让羽绒外套具备运动特质，让饱满的廓形不呆板。

👕 "针对单薄宝宝，妈妈这样选单品！"

想要单薄宝宝看上去更有肉？不妨从衣服的廓形与蓬度入手，直筒版型与蓬蓬的太空服、面包服都能更好地弥补宝宝瘦弱身形的不足。不宜给孩子选择紧身衣裤，更要避免选择过于肥大的款式，松垮软塌的衣型只会让孩子更显单薄瘦弱。从穿着上给宝宝多一点自信，是每一个妈妈都应该进修的功课。

1 牛仔是"硬汉"的首选，当然也是单薄宝宝的逆袭面料。

2 蓝色让肤色摆脱黄色的暗沉之感。

3 面包棉服让瘦弱宝宝变成强壮宝宝。

4 荧光色能让偏黑的肤色看起来更健康活力。

5 分区缝线的羽绒外套让活力和开朗集于一身。

6 长款羽绒外套的厚实感悄悄填充了宝宝的瘦弱线条。

长得快宝宝的穿衣方案

　　到了宝宝身高快长的年纪，许多妈妈都为衣服的尺码发愁。为了避免宝宝的衣服只穿了一季就被压箱底的浪费，选购什么样的衣服才能跟上宝宝的成长步伐呢？

"紧扣、敞开都没问题！"
　　合体时扣着穿，变窄时敞开穿，一衣两穿，实用性极高。

"宽松运动装，预留身高空间！"
　　宽松一点也好看的运动装有相当充足的身高空间。

"属于男孩的锥形牛仔裤！"
　　选择裆部位置较宽松的锥形剪裁，才是妈妈的明智之举。

"灵活叠穿提升单品实用度！"
　　在短袖里套入长 T 让宝宝瞬间成为小型男，也让衣服的穿搭度更高。

👕 **"让宝宝快乐成长，妈妈这样选单品！"**

　　拒绝过于紧绷贴身的着装，宽松舒适的装束为宝宝提供成长空间，让宝宝自由伸展零束缚，尽情释放天性，感受成长的快乐时光。需要妈妈们注意的是，幼小的宝宝皮肤敏感，衣服的质地选择同样重要，柔软透气的棉质面料是让孩子们舒适的首选。

1 无论年龄大小，格纹衬衫都是妈妈们应该为孩子准备的基础单品。

2 假两件的款式紧身和宽松穿起来都好看。

3 稍有富余的立领运动衫为宝宝发育提供了必要的空间。

4 裤脚可以翻折的款式，潮宝们再长高点儿也不怕！

5 宽松的直筒牛仔裤不会给孩子紧绷的束缚感。

6 束口的棉质休闲裤更利于宝宝的户外运动。

从穿衣上给予好动宝宝防晒保护

孩子并不忌惮阳光的恶作剧，但细心的妈妈必须为她做好防护措施。针对喜欢户外活动的好动宝宝，妈妈从衣服的选择上也要能提防紫外线。

"戴上小草帽，向海边出发！"
宝宝头部的防晒也是妈妈们不可忽视的哦！戴上一顶小草帽，高高兴兴去游玩。

"五分式蝙蝠袖防晒又散热！"
想要遮住手臂又怕太过闷热？蝙蝠袖的宽松设计让宝宝轻松又自在。

"把防晒交给更专业的长袖防晒衣！"
防晒效果极佳的防晒衣为宝宝的肌肤设置了一道阻隔紫外线的屏障！

"裙式上衣和六分裤的俏皮组合！"
加长裙摆设计搭配六分裤避免了露脐的尴尬，俏皮可爱就是它！

🐰 "针对好动宝宝，妈妈这样选单品！"

　　休闲简洁、宽松透气是夏装的主题，对于活泼好动的小女孩，裤装就必不可少了，夏天配个简单的T恤轻轻松松出门，带孩子去游乐园、户外野餐的时候，孩子也不会因为服装款式的限制而过于拘束。而防晒衣、遮阳帽、太阳伞等单品也是让宝宝们远离紫外线的好帮手。

1 宽松的蝙蝠袖剪裁设计透气又舒适。

2 罩衫也是夏季的大热单品，背心加外套一件，时尚度暴增。

3 针对喜欢草地的宝宝，六分裤可以保护肌肤、防止蚊虫的滋扰。

4 妈妈包中必须常备的透气防晒衣！

5 运动套装是好动宝宝的必备品，连帽设计让颈部避免日晒。

6 拒绝化纤与牛仔面料，宽松的直筒裤防晒又透气。

好奇宝宝的耐脏耐皱穿搭方案

洗不掉的污渍、熨不平的褶皱……跑跑跳跳的宝宝总是让妈妈伤透脑筋，要给孩子穿什么样的衣服才不用担心呢？

"尽情亲近草地和沙滩！"

宝宝不喜欢黑色？给他准备宝蓝色吧！即使不小心染上污渍也不显脏！

"可以为污渍做掩护的印花！"

大胆玩味的图案让人眼花缭乱，瞩目度急升，污渍看不见！

"恰到好处的剪裁是关键！"

长度在膝盖以上的剪裁，避免了膝盖与裤子的过多摩擦而让裤子变得皱巴巴。

"耐磨耐脏就选它！"

适度宽松的牛仔长裤给宝宝的关节与脚踝更好的保护，是耐磨耐脏的最优选。

👕 **"针对好奇宝宝，妈妈这样选单品！"**

由于儿童天性活泼、好动，没有保护衣服的意识，所以童装的布料应以结实、耐穿、不易损坏为主。对于比较淘气的孩子，不妨试试牛仔类衣服，这种衣服由于质地结实，极其耐磨，淘气的孩子穿上它，不容易脏也不易损坏，而且好运动的孩子穿上这类衣服会非常有型，更显得身体结实健硕。

1 黑色太沉闷，有孩子喜欢的卡通头像就会受到他的欢迎。

2 各种时髦元素碰撞的休闲套装适合肆意跑跳。

3 玩沙子也不必担心显脏的奇趣图案。

4 大片的漫画印花令人眼前一亮，耐脏的同时令宝宝造型更抢眼。

5 选择颜色较深的宽松休闲裤易洗涤、不变形。

6 耐脏耐磨、质地结实的牛仔裤更适合活泼好动的宝宝。

腰粗宝宝怎么穿显细腰

　　女孩子到了为粗腰圆肚耿耿于怀的年纪，妈妈如何准备让这些缺点变不见的"隐形衣"？适合宝宝的"藏胖设计"其实在很多单品中都有迹可循，妈妈只要加以留意就能选对！

"这样穿，赶走游泳圈！"
　　别出心裁的背部网纱弱化了肉肉的腰部曲线，让游泳圈消失不见！

"胖嘟嘟也可以很可爱！"
　　大大的米妮头像收缩了腰部的视觉效果，可爱"瘦身"两不误。

"可爱度加倍的花苞裙！"
　　花苞廓型使上下装视觉对比更强烈，搭配一件修身T恤更显瘦！

"裙摆越蓬腰部越细！"
　　泡泡袖与双层裙摆恰到好处，上下蓬松使中间腰部的线条显得更纤细。

👗 "针对腰粗宝宝，妈妈这样选单品！"

　　通过着装的弱化与对比作用来使宝宝"瘦身"是妈妈们深厚搭配功力的显现。通过大裙摆或蓬度足够的款式来使丰腴的腰部看上去不会过于突出，腰间的装饰与加宽的松紧带也是加分的设计。蓬蓬裙是女孩们的主流选择，不仅彰显女孩的可爱气质，还能很好地修饰身体线条。

1 担心浅色会显胖？大面积的印花图案打消你的顾虑！

2 同色系的装束弱化上下对比，使肉肉的腰部不会太突出。

3 褶纹设计能恰到好处地修饰宽腰，裙摆稍蓬也能转移视线的注意力。

4 加宽腰间松紧带的设计藏住腰部的游泳圈。

5 裙摆的宽度恰到好处，不会感觉累赘、臃肿。

6 花苞形状的蓬蓬裙让宝宝轻松拥有小蛮腰。

胖臀宝宝怎么穿修饰臀部

宝宝到了不以胖臀为美而悄悄发愁的年纪，妈妈其实可以悄悄引导，通过选择衣服上一些特殊的设计，让女宝宝摆脱为胖臀耿耿于怀的小情绪。

"能撒谎的半透明蕾丝！"
覆盖臀部的半透明蕾丝弱化了宝宝的小胖臀。

"高腰裙让胖臀消失不见！"
臀部肥胖不宜选择低腰裙，高腰裙能弱化偏胖的臀部。

"蓬蓬裙摆是遮肉的关键！"
在牛仔马甲下面露出白色蓬蓬裙摆的穿法既藏住了肉肉，又如天使般惹人喜爱。

"选择这样的运动装更显瘦！"
在运动外套收口处加上一层挺括的花边网纱，让小胖臀悄悄隐形。

👗 **"针对蜜桃宝宝，妈妈这样选单品！"**

敞开的裙摆与花边是修饰小胖臀的利器，在臀部位置稍加装饰就可以悄悄藏住小肥肉，让宝宝的曲线看上去更完美。拒绝质地厚重、廓形硬挺的裙摆，轻薄而具有蓬度、多褶皱又不失垂感才能避免裙摆成为整体装束的累赘，网纱与蕾丝都是妈妈们应该考虑的材质。

1 下摆加一层蕾丝，对胖臀的修饰作用显著。

2 双层裙摆比单层裙摆更具备瘦臀的效果。

3 立体感强的裙摆让腰线和臀部自然衔接，自然显瘦。

4 一件式裙子让女孩显得简洁利落。

5 在袖口、下摆、裤脚的立体网纱，悄悄转移对小胖臀的注意力。

6 芭蕾裙般的蓬蓬裙摆与贴身裤袜的组合是小胖臀的好伙伴！

怕冷宝宝怎么穿既保暖又时髦

风度和温度往往难以两全其美，但妈妈可以做出这样的尝试：多一些长短混合搭配、选择保暖的轻型面料等，让怕冷的宝宝依然可以拥有超帅气的冬天！

"御寒并且帅气的高领单品！"
工装棉服搭配高领打底衫，小小型男造型轻松打造！

"马甲依然是黑色最帅气！"
经典百搭的黑色马甲，搭配格纹衬衣散发英伦气质。

"毛茸茸的领子更保暖！"
毛茸茸的与卫衣帽领的双重保护，再寒冷的冬天也不怕！

"针织衫与衬衫的完美结合！"
从休闲的针织衫领口露出内搭的衬衫领子，庄重又不失活泼的感觉很可爱！

👕 "针对怕冷宝宝，妈妈这样选单品！"

　　冬天里把孩子包裹成胖乎乎的"小粽子"并不是聪明妈妈的表现，根据气温灵活地穿搭才能给宝宝一个温暖舒适的冬天。保暖性好、轻薄透气的轻羽绒减轻了棉服的沉重感，是冬日里不可或缺的单品，加上毛领的设计更温暖，内搭一件柔软的针织衫或帽衫就可以完美出门了。

1 一件柔软温暖的针织衫，无论内搭外穿都能胜任。

2 马甲以保暖和轻盈易搭的特性深受妈妈的欢迎。

3 工装夹克式棉服为宝宝的冬日造型注入帅气感觉。

4 亮色能一扫冬季的沉闷和单调。

5 柔软的毛领不会和男孩的帅气作对，反而显得贵气十足。

6 长款棉服是冬季不可或缺的单品。

怕热宝宝怎么穿既凉快又得体

炎炎酷暑里迅速爬升的高温总是让宝宝大汗淋漓，如何穿衣才能让宝宝更凉爽透气才是交给妈妈的搭配命题。

"散热指数100%的背心裙！"
背心裙不受身材限制，散热透气夏天必备。

"无袖短打一身轻！"
无袖背心与小短裤让宝宝一身轻，柔软透气的棉料贴身也不怕闷热捂汗。

"与清风为伴的连衣裙！"
专属夏天、也专属女孩的连衣裙！

"属于牛仔裤的清凉一夏！"
敞开的短装上衣下摆减轻了牛仔裤在腰部的闷热感，同时轻松穿出小长腿！

👗 "针对怕热宝宝，妈妈这样选单品！"

宝宝的肌肤比较娇嫩，且体温较高，夏日衣着宜以柔软、舒适和透气性好的棉质为佳。在宝宝的腋窝、腹股沟等皮肤褶皱处出汗较多的部位，更要注意衣物的透气与柔软。炎炎夏日里妈妈们不妨多给宝宝备上几件样式独特的背心裙或吊带裙，让宝宝轻松度过炎夏。

1 背心裙是全身解放、释放闷热的首选单品。

2 窄肩带背心让清凉的风自如穿梭。

3 小飞袖与 A 字型大摆利于散热，醒目的图案更为可爱加分！

4 敞开的下摆让宝宝凉爽的同时让可爱度倍增！

5 连体裤让宝宝的腰腹免受松紧带的束缚而更畅快的呼吸。

6 弹性较好且透气吸汗的复合面料也能给宝宝无拘束的轻松感。

驼背宝宝怎么穿才显挺拔

改变宝宝的驼背习惯也许需要很长时间,但令身姿更挺拔,只要换件衣服就能达成!化解驼背的尴尬, 妈妈要懂得选择特别的单品对宝宝的身形加以修正。

"这样穿让驼背悄悄隐形!"
背部用亮色的蕾丝作为装饰,轻松分散注意力,让宝宝的驼背悄悄隐形。

"A字型衬衫赋予流畅线条。"
A字型的衬衫与过膝Legging的组合让宝宝拥有流畅的身体线条。

"挺拔的牛仔更有范儿!"
牛仔外套挺拔有型,挺拔的廓形让驼背消失不见!

"拒绝收腰等于隐蔽驼背!"
高腰且宽下摆的设计,在提高腰线的同时还能遮掩背部线条的不足。

👚 **"针对驼背宝宝，妈妈这样选单品！"**

　　选择线条感强烈的单品能很好地修饰宝宝的身材线条，避免选择过于柔软贴身的单品，软塌塌的衣服会让驼背宝宝的弱点更突出，质地结实的牛仔、粗布等面料都是不错的选择。还要注意的是，衣服的剪裁与款式也是关键，无腰线收缩的直筒版型更适合驼背宝宝。

1 驼背显得背部宽厚，不紧身的背心衬衫线条恰好。

2 无腰线收缩的直筒牛仔马甲完美修饰驼背宝宝的身形。

3 高腰裙摆衬衣让驼背显得不那么突出。

4 突出的腰带装饰与裤腿的折边让下装的视觉感更突出。

5 驼背宝宝不宜穿着锥形裤，直筒长裤能拉长腿部线条，让宝宝看上去更挺拔。

6 剪裁匀称的裤装让宝宝的身材显得更笔直。

顽皮宝宝要从穿衣上给他更多保护

　　磕磕碰碰是顽皮宝宝的家常便饭，妈妈怎么搭配孩子的衣服才能给他全方位的保护？搭配时不仅要注意关键部位的保护，选择柔软耐磨的面料也是聪明妈妈的小秘招。

"过膝弹性面料预防跌伤。"
　　包裹膝盖的弹性面料可以缓冲撞击和摩擦伤害。

"潮男会喜欢的内搭长裤！"
　　短裤内搭长裤不仅看起来很潮，也能保护膝盖不受运动伤害。

"在层次穿搭中运用牛仔！"
　　担心牛仔面积太大显得工装化？用一截牛仔就能化解这层担忧。

"好脾气的牛仔面料！"
　　牛仔面料耐磨耐洗，能用一如既往的好脾气陪伴好动的顽皮宝宝。

👕 **"针对顽皮宝宝，妈妈这样选单品！"**

最寻常的休闲卫衣与长裤并不简单，它们不仅让宝宝活动自如，亲肤柔软的面料也避免摩擦带给宝宝损伤，袖口或裤脚为带弹性的束口设计更是贴心之选。顽皮宝宝在活动中还有可能因为动作幅度过大拉扯衣物，妈妈们也不宜选择质地过薄的面料。

1 比寻常棉质厚度更棒的卫衣是顽皮宝宝最好的运动单品。

2 即使将起袖子，也依然能保护宝宝的脆弱手肘。

3 拉链休闲帽衫穿脱方便，一定最得运动型宝宝的欢心。

4 裤腰螺纹收口，收放自如，冬季对宝宝来说非常方便。

5 松紧带的裤腰易于穿脱，宽松舒适的裤腿让宝宝自如伸展。

6 毛线圈的面料手感柔软，穿着舒适，时刻呵护宝宝的肌肤。

Chapter 4

让宝宝成为每个场合的焦点

无视场合让孩子胡乱穿衣是父母的粗心失职！在正式场合整洁得体，在休闲场合轻松自在，给孩子传授在不同场合的穿着要领，只要稍加用心，就能让孩子成为全场焦点！

👕 简洁白 T 搭配
几何针织开衫打造
出既端庄又不失活
泼的造型。

👕 格子衬衫是
永不过时的经典，
红白格纹更是让
人眼前一亮。

👕 叠穿立领衬
衫露出领口，让
白色圆领长 T 不
再平庸单调。

家庭聚会这样穿
让长辈赞不绝口

乖巧得体不失活泼的装扮赢得长辈喜爱

　　孩子永远是集万千宠爱于一身的一
家之宝，家庭聚会中的一举一动都备受
长辈关注。避免过于花哨亮眼的打扮，
大方得体的穿着才更符合长辈们的审美
观点。

👕 毫无束缚感
的棉质运动套装，
尽显孩子的阳光
与活力。

👕 卡其色休闲
裤搭配同色系马
丁靴，冬日里的
装扮也可以帅气
十足。

几何与条纹让孩子更显活泼

　　家庭聚会中一定要秉持端庄保守的着装风格才符合长辈的审美吗？其实不然，衣着里加入经典的条纹格纹与富有设计感的几何图案让孩子看上去更有活力，大方得体又不失蓬勃朝气，会让长辈倍加赞许。

"和大人一样，每个孩子都应该享受家庭日的幸福和舒心。"

婚礼喜宴这样穿大方得体

正式场合的正装衬衫也可以造型百变

　　带宝宝出席婚礼喜宴的正式场合，自然要换上一身大方得体的装束。打破正装衬衫一如既往的单调沉闷，巧妙的搭配与细节的装饰让宴会上的宝宝更吸引众人的目光。

领口与口袋上的红黑格纹丝巾是点亮整体造型的点睛之笔。

别具一格的条纹马甲图案让单调的白 T 呈现假两件的时尚感。

系上小领结的不规则印花衬衫搭配休闲中裤，俏皮又可爱。

卡其色鞋子协调整体造型，让一身宝蓝色的小西装不会显得过于成熟。

海军风条纹永远给人一种活泼清爽之感，同样可以出席正式场合。

给他这些单品

"像个小绅士一样出镜！让宝宝成为婚宴上最受欢迎的面孔吧！"

别样的正装与细节搭配更有新意

　　大方得体又精心细致的打扮更显现出对婚礼喜宴的足够重视，修身的剪裁让身着正装的宝宝更帅气。领口与口袋上的别样设计与细节让人眼前一亮，也会让出席婚礼宴会的亲戚朋友更赞赏有加！

👕 翻领衬衫与
T恤的叠穿帅气
大方，突出学生
气质。

👕 卡通图案的
擦肩长T搭配亮
色休闲长裤，玩
味十足。

户外郊游这样穿
轻松愉快

休闲舒适的穿搭让孩子更贴近
自然

　　亲近自然，拥抱蓝天，远离城市
的重重雾霾，呼吸纯净清新的空气，如
此放松身心的户外出游能让孩子更贴
近自然、健康成长，而休闲舒适的装扮
更适合户外活动，也会让孩子倍感愉悦
与轻松。

👕 运动型风衣
轻薄且透气性佳，
荧光黄色更亮眼
突出。

👕 宽松舒适的
纯棉套装，让孩
子在户外更加活
动自如。

👕 用鲜艳的工
装外套来打造户
外造型，防风保
暖又潮流时尚。

透气舒适的面料最重要

户外活动量大易出汗，选择易吸汗且透气性强的棉质面料才能让孩子更舒适。亮眼的色调让孩子看上去活力充沛、元气满满，在保证舒适度的前提下选择动感十足的荧光色单品，点燃藏在男孩体内的能量小宇宙吧！

"奔跑吧！孩子！在阳光下绽放最纯真的笑颜。"

👕 内搭衬衫露出领口让套头卫衣更生动活泼，加上一顶棒球帽会更潮。

👕 用设计感十足的丝巾来制造亮点，潮流时尚且极具明星范儿。

👕 利用极富苏格兰风情的红蓝格纹打造亮点，是妈妈们喜爱的造型。

生日派对这样穿成为全场主角

让男孩成为瞩目焦点的明星范儿装扮

　　一年一次的生日 Party 无疑是孩子最期待也最是开心的时刻，想让孩子在 Party 上赚足众人的眼球？大胆尝试各种风格混搭和潮流感十足的造型吧，一定会让人过目不忘！

👕 不乏潮流元素街头风格是孩子此时最想要的穿搭方式。

👕 酷感十足的帽子、墨镜与束口哈伦裤搭配简洁白 T，一秒钟变身小潮男！

"今年的生日愿望是像个大人一样穿出自己的风格！"

玩味出彩是与众不同的关键

　　玩味出彩、个性十足的设计与构图是给衣着大大加分的关键，夸张突出的图案与颇有趣味的拼色让原本平淡无奇的T恤长衫瞬间提升吸睛度，即使是黑白的基础色也能打造出视觉感极强的潮范，搭配丝巾、棒球帽、挂饰等配饰效果更突出。

登机出游这样穿
耍酷乘机两不误

打造舒适性与时尚度兼具的出游造型

　　每次出行度假，要给孩子带上什么衣服常常使妈妈们伤透脑筋。要想舒适度高又轻便时尚吗？不妨试试面料柔软且风格独特的衣着，让孩子活动自如且帅气有型。

👕 花色别样的运动套装搭配设计感十足的高帮靴，走到哪里都是焦点。

👕 亮眼出众的大红色用在上装与鞋子上，使造型更协调且活力满满。

👕 柔软的面料可以让孩子全然忘记旅途的劳累。

👕 在条纹上衣中选出一种颜色作为裤装用色是绝佳的组合。

👕 富有趣味性的擦肩设计让一身灰色套装不会显得单调乏味。

轻薄舒适让孩子更轻松自如

　　不必费尽心思搭配也能让舒适度与时尚度兼得想必是众多妈妈们的追求，而吸湿性好且透气性佳的棉质休闲套装是出游的最佳选择，就算是在冬季也可以选择轻薄的轻羽绒外套，让孩子出游在外不管是坐车、登机还是活动行走都能轻松自如。

"按捺不住出游的兴奋，每一次旅行都充满新奇！"

T恤搭配中裤，全棉装束亲和力最强。

男孩喜欢的迷彩也适合友好竞技的场合。

运动场上这样穿流汗也帅气

让男孩有超出年龄层帅气感的运动型打扮

担心孩子肢体受到束缚只会搭配很宽松的衣服？这是大多数妈妈的误区。好的穿搭不仅需要舒适性，还需要时尚度，运动对孩子而言也是一种社交方式，让男孩子更受欢迎绝对不仅仅看赛绩。

卡其色搭配温暖的红色，典型的美式风格养眼且热力四射。

弹性极佳的面料配合亮眼的色块，这是大人和小孩都会喜欢的穿着模式。

短裤搭配衬裤以及高帮踝靴，大十岁的穿搭模式打造小潮男。

"放大这份喜悦吧！在阳光下尽情奔跑、跳跃的美好时光。"

让他尝试更轻松的穿着

　　不一定只有专业的运动装束才能加入赛场，也不要选择吸汗或者抓扯容易变形的材质，一些弹性较好或者吸汗力较强的复合面料会让他倍感自如。妈妈也不要拘泥于短裤和 T 恤这种套路化的穿搭，试着选择长度或者剪裁稍微变化一些的单品，能让孩子看起来更焕然一新。

👕 颜色相似面料相同的运动造型，搭配上亮色帽子就不会显得单调。

👕 白T上的卡通图案是出彩的亮点，而一顶合适的棒球帽是扮潮利器。

👕 系上风格独特的丝巾让一身干净清爽的造型更有看点。

亲子活动这样穿
凸显简洁利落的气质

简单大方又不失阳光朝气的休闲装束

　　争强好胜的男孩们都希望在亲子活动中与爸爸妈妈有最出色的表现，衣着打扮同样如此。学习如何将孩子打造出简洁利落又活力充沛的阳光造型年轻妈妈们的必修课，也能让孩子在集体活动中更有自信。

👕 工装牛仔夹克搭配白色T恤打造干净利落的休闲LOOK。

👕 棉质白T搭配波点中裤舒适又轻松，亮色鞋子凸显与众不同。

给他这些单品

"做爸爸妈妈的小太阳，给他们带来无限的欢乐与阳光！"

清爽色彩配合朝气感面料

　　蓝色单品让宝贝看起来更干净清爽，也更容易给人一种亲和感。而对于比较活泼好动的男孩子，不妨试试牛仔类童装，牛仔面料由于质地比较结实，也更耐磨耐脏，淘气的孩子穿上它不容易弄脏和损坏，而且好运动的孩子穿上这类衣服会显得非常挺拔有型，可爱又精神。

在校这样穿
彰显活力学院风

让孩子变身小绅士的学院风装扮

永远不会过时的学院风，并不是只靠一件校服式的单品塑造出来的。灵活的叠穿与巧妙的搭配，就可以将孩子打造出富有浓浓复古英伦学院风的造型，乖巧又突出气质。

🔺 红色与卡其色搭配是典型的美式风，配上小领结活泼加分。

🔺 热情洋溢的红黑格纹搭配修身牛仔裤，不仅帅气而且更显个高。

🔺 格纹是打造学院风的经典图纹，搭配色调沉稳的上装就不会过于花哨。

🔺 素色衬衫搭配红色V领针织衫不仅衬托出白皙肤色并且极富气质。

🔺 运动套装也能打造出活力学院范儿，拼色外套彰显与众不同。

经典颜色与针织面料更上档次

　　学院风的要点就是要脱离流行,用永不过时的经典单品打造独树一帜的气质造型,红、黑、蓝是具有代表性且更显品位的颜色,用在柔软舒适的针织衫中瞬间提升气质,让孩子变成比别人帅气百倍的小绅士。

"跑跑跳跳的淘气鬼也可以变身人见人爱的小绅士!"

重要晚宴这样穿
凸显精致公主风

让小女孩变身魅力小公主的耀眼装扮

每个女孩心中都有一个美丽的公主梦，尤其是出席重要的晚宴，更希望自己能成为闪闪发光的小公主。体面与精致，大方与气质，是从小就应该培养与教授孩子的功课。

在大红色背心裙中内搭黑色既平衡了整体色调又与黑色下装相互呼应。

荷叶边高领毛衣与胸前的花边交相辉映，优雅中又透出几分俏皮。

经久不衰的千鸟格穿在小女孩身上一样可以散发高贵内敛的贵族气质。

胸前的珍珠与蝴蝶结的装饰让连衣裙更具精致与优雅的时尚感。

热烈饱满的红色通过小圆领的波点来收敛。

"We, the rustling le
but who

"好早就渴望拥有一件小礼服，穿着它我就是今天的女主角。"

避免选择颜色繁多配饰复杂的裙装

色调统一、样式简约的裙装同样能凸显公主气质，在领口、裙摆等位置多加用心，利用珍珠亮饰与胸花、蝴蝶结来打造贵族气质，大方优雅才契合主题。而颜色繁多配饰复杂的衣着容易给人一种眼花缭乱的艳俗感，不适合出入重要场合。

下午茶这样穿
搭出甜美气质

凸显小女孩精致甜美的气质穿搭

阳光和煦的午后，带宝贝一同享用美味香甜的下午茶，什么样的着装才最适合？不妨试试这些风格甜美、样式别致的连衣裙，精致甜美的图案款式绝对是下午茶的最佳搭档。

花朵图案是女孩们的挚爱，将温柔甜美的气息展露无遗。

腰间一条黑色绸带将大裙摆自然而然地收缩，使上下部分能很好地过渡。

层次感十足的粉色雪纺连衣裙，衬托白皙肤色且十分上档次。

黑白条纹是永远不会出错的组合，搭配浅口鞋更显优雅气质。

腰间的一条细腰带让充满复古味的牛仔连衣裙更显甜美。

飘逸轻盈的连衣裙是首选

　　连衣裙不仅穿脱方便，省去上下装搭配的烦恼，还是提升女孩个人气质的利器。选择纱裙或轻薄的蕾丝裙质地更为轻盈，舒适透气的棉质布料也比化纤面料更适宜孩子穿着。给孩子衣着的轻快感，营造一份愉悦的心情，共享下午茶的美好时光。

给她这些单品

"精致美味的甜点蛋糕，是每个女孩心中永远甜蜜的挚爱。"

👕 红色格纹连帽衬衫搭配短裙高帮帆布鞋，轻松打造一身休闲的活泼造型。

👕 颜色明快的格纹短袖衬衫搭配活力十足的牛仔短裙，清爽利落。

👕 亮色及膝裤袜中和绿黑格纹上衣的暗沉，稍露腿部更显腿长。

课外学习这样穿塑造乖巧风格

让孩子多尝试简洁自然的休闲装扮

乖巧可爱仿佛是小女孩与生俱来的专属气质，妈妈们应该避免用过多繁复的装饰与超越年龄层的穿搭来掩盖孩子的童真与天性。平日课外学习，更应以宽松自然的休闲服装为主，不仅有利于孩子的成长和发育，还能给人一种乖巧可爱、干净简单的好印象。

👕 在格纹上衣中选择一种颜色作为下装的用色是保持整体造型平衡的要点。

👕 带有层次感的设计让普通的长款棉服不再单调无亮点。

"把爱笑爱闹的自己藏起来，现在是学习时间！"

轻便简洁让孩子更舒适

　　格纹衬衫是非常实用的单品，既简单又很有文艺范儿，时而休闲，时而帅气，不论单穿还是搭配其他单品都非常漂亮。选择轻便的衬衫或是带有层次感的棉服，避免过于繁琐复杂的装扮，用简单的穿着托孩子乖巧的气质，这也是妈妈们的搭配功力所在。

婚礼花童这样穿
成为引人注目的天使

别样而端庄的装扮烘托婚礼气氛

只有千篇一律的白色衣着才是出席婚礼现场的唯一选择吗？其实不然，别样而端庄的裙装同样可以烘托婚礼神圣美好的气氛，让婚礼花童成为引人注目的小天使。

👗 别出心裁的花环与一身清新的花朵连衣裙相得益彰，突出花童主题。

👗 一袭白色连衣裙让女孩全身围绕着天使的光环，双层透纱设计更甜美梦幻。

👗 浅蓝色棉质连衣裙给人纯净清爽的舒适感，白色荷叶领更显贵族气质。

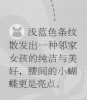

👗 浅蓝色条纹散发出一种邻家女孩的纯洁与美好，腰间的小蝴蝶更是亮点。

👗 绿叶红花相互衬托大方而优雅，裙子的高腰设计使孩子看起来更修长。

"怀揣最美好的婚礼祝愿，化身上帝派来的小天使。"

纯净色调与大裙摆制造梦幻之感

　　圣洁美好是婚礼的主旋律，作为婚礼现场不可或缺的花童也需要精心装扮，而彰显气质的连衣裙是不二之选。选择颜色纯净简洁的裙装，蓬度足够的裙摆更显露出梦幻般的浪漫之感，与婚礼气氛相得益彰。

波点与条纹的碰撞也不会显得格格不入，视觉的反差能更显独特。

面见长辈这样穿
让长辈喜爱有加

乖巧活泼的造型给人过目不忘的好印象

作为一大家子的掌上明珠，小公主们时时刻刻都受到长辈们的关注。将孩子打造出乖巧又不失活泼的邻家女孩造型，给人过目不忘的好印象，会让长辈更疼爱有加。

文艺范儿十足的裙摆式POLO长衫，搭配一双浅口鞋更简单舒适。

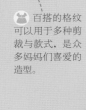

百搭的格纹可以用于多种剪裁与款式，是众多妈妈们喜爱的造型。

及膝格纹裤袜让一件普通的长款连帽衫看上去更时尚。

大红色能很好地衬托出孩子白皙的皮肤，配上牛仔短裙会显得更活泼。

温暖的颜色更突出孩子的朝气

　　孩子自身散发的朝气感能承载很多成人接纳不了的暖色，即便是炽烈的大红色。凭借孩子这种天生的色彩"驾驭能力"，给她们选择更多暖色吧。在常规审美中，暖色是能带来幸福感的颜色，让孩子的灵气和活泼加倍呈现。

"乖孩子不会懒惰，今天的花园就交给我打理吧！"

135

卡通图案无袖与牛仔的搭配清爽干净，合体的剪裁使孩子看上去更修长。

荷叶边一直是可爱活泼的代表，搭配同色系蝴蝶结发箍更显甜美。

编织草帽流露出浓浓的度假气息，搭配碎花裙更适合海边度假。

夏季出行这样穿
突出自由轻盈时尚风

让孩子简单轻松又不会黯然失色的夏日装

一到炎炎酷暑就只想一身简单轻松的装扮，如果夏天里也能让宝贝们光彩照人就好了。尤其是出游在外，让我们一起来打造宝贝们在夏天里独有的休闲范儿吧！

恰到好处的绿叶红花仿佛将自然的气息浓缩在身上，大方而优雅。

卡通短裙为全身造型打造亮点，让素色上衣不会显得单调乏味。

"阳光下飘扬的裙摆，是我和阳光嬉戏的玩具。"

宽松的剪裁设计制造轻盈感

　　夏日里孩子的户外活动增多，简单轻盈的款式才是出行的最优选。选择蓬蓬裙、娃娃衫或荷叶边的款式，宽松的剪裁设计制造轻盈感，打造亮丽造型的同时又利于孩子活动，而轻薄透气利于散热的棉质衣物是妈妈们在夏日里最应该给孩子准备的衣服。

冬季出行这样穿
既要美丽又要温度

让小女孩既温暖又不失时尚的冬日穿搭

　　爱美的小女孩即使是冬天也不能放弃可爱甜美的造型，臃肿厚重的衣物只会让宝贝看起来像个毫无美感的小肉粽。拒绝又厚又重的棉服，在保证温暖的同时巧妙的穿搭，即便是寒冷的冬日里也能展现潮范儿。

👗 同样色调的上衣与条纹裤袜搭配起来使造型平衡又活泼。

👗 颜色鲜艳的棉服配上别致的条纹裤袜，就算在冬天也能格外抢眼。

👗 牛仔短裙是百搭圣品，配上一件素色套头衫就能打造清爽利落的造型。

👗 在棉服里内搭长款亮色毛衣打破一身黑色的沉闷单调。

👗 裙摆式的长款娃娃大衣不会显得过于成熟，更显文静优雅的气质。

"换上我喜欢的毛绒外套，和小兔子玩谁才是幸福甜心的游戏。"

避免过于臃肿厚重的装束

穿得多才是穿得暖吗？并不，一味地给孩子添加衣物反而会适得其反，根据温度变化与孩子自身情况来搭配合适的衣着才是智慧妈妈的选择。材质轻薄、色彩鲜亮的轻羽绒与长款棉服、质地柔软的高领背心套裙都是冬日里不错的选择，不会给孩子造成多余的束缚与负累。

👕 上装若选择稍显成熟的外套，下装不妨试试活泼可爱的荷叶裙相搭。

逛街购物这样穿
成为妈妈身边的亮点

显眼出彩的穿搭让孩子在人群中脱颖而出

和孩子一起成为街头亮点应该是许多妈妈的愿望，既休闲又时髦的成人穿衣规则也可以套用到童装之中。在孩子寻常穿着的单品中，结合一些突出的亮点或者颜色，吸引路人的关注轻而易举。

👕 灯笼型背带牛仔裙俏皮可爱，搭配亮色长T与头饰更出众。

👕 同色系的穿搭中融合了多种元素又能达到协调统一，显示了妈妈深厚的搭配功力。

👕 长款羽绒服中露出长T与牛仔短裤再配上短靴的潮搭，绝对赚足眼球。

👕 合身的包臀裙在视觉上收缩了蝙蝠袖棉服的膨胀感，更显修长。

不能忽略着装的美感与质感

孩子年纪小，不拘小节的随意穿搭也无关紧要？这是许多家长的误区，孩子的着装同样需要美感与质感，从小培养孩子对穿衣美感的认知是提升气质的秘诀。选择亮色或是带有设计感的着装引人注目，注重内搭的协调，再配上个性的小拎包能让整体造型更时尚出众。

"我常常在想，变成大人是否就能早点拥有更大的衣橱？"

Chapter 5

用配色彰显潮童风格

　　不要用大人的配色观点来搭配童装！父母需要了解童装的常规配色思路，为不同肤色的孩子巧妙搭配。对喜爱色彩的孩子而言，暖色、冷色和中性色都有可取之处。如何让这些颜色和谐相处并突出孩子的肤色优势，是父母必须留心的学问。

不要用大人的配色观点搭配童装

　　大人对色彩总是架设太多的规则与界限，可知在孩子心中，色彩的搭配和组合是充满无限可能的。不要用大人的配色观点约束他们的取向，在为孩子搭配服装时除了不要踩进雷区，更多的是要做大胆的尝试。

赋予孩子性别的意识

　　"孩子对颜色的喜好既有和成人世界一样的共性，也有专属他们的个性，聪明的妈妈不要主导，而应引导。"

男孩和女孩的色彩偏好

　　虽然许多貌似权威的言论都支持男女之间存在色彩偏好，但其中也有一定的社会因素，譬如父母总是给男孩更多的蓝色和绿色，而女孩一律穿着粉色以及黄色，如果调换过来，结果也一定是不同的。因此不要刻意强化性别色彩的差异，遵照孩子的喜恶是比较提倡的准则。

柔和的色彩更适合幼童

　　成人的视觉需要强度更大的刺激才能引发感官，但孩子不一样。色彩对人的意识以及情绪的影响是客观存在的，作为父母应该意识到色彩对孩子的影响。在用色方案建议选择柔和的色彩，色感温暖洁净的最好，年纪小的幼童应避免视效过于刺激的饱和颜色。

告诉孩子颜色所代表的意思

　　红色代表太阳？白色代表冰雪？绿色代表自然？不，告诉孩子颜色在衣着视觉上的功能，这是孩子第一堂服装配色课。红色象征快乐，参加节庆或者喜宴的时候穿；白色象征纯粹认真，上学的时候穿；绿色代表积极向上，劳作的时候穿……告诉孩子颜色在服装上所代表的意义，拓展孩子的想象力和代入能力。

用颜色加强孩子的记忆点

"你是否还对小时候穿过的小红鞋记忆深刻？孩子也会和你一样，利用色彩加强孩子的记忆点，他／她能学会更多的东西。"

用颜色提醒孩子

对于年纪比较小的孩子，对物体的轮廓、样式甚至特征很难产生深刻的记忆，只有颜色，才能引导他们的行为。在幼儿园或者学校，孩子首先会接受的一定是关于色彩的学习，作为妈妈可以借助这点教会孩子穿衣服的技能。例如一双正式场合穿的小红鞋、大风天气必须要戴的蓝色帽子、上学要背的黄色书包，用颜色提醒孩子什么场合应该穿戴什么服饰。

告诉孩子颜色可表达情感

在幼童的教育中，老师可能会教给孩子"红色的花最鲜艳"、"绿色的草最鲜嫩"、"蓝色的海洋最辽阔"，这样孩子会陷入一个框架内。为了丰富孩子认知的多样性，妈妈可以将色彩所代表的情感用简单的方式告诉孩子，例如"红色可能会代表气愤或者热情"、"白色代表干净或者冷漠"、"黑色代表禁止或者不高兴"，从而让孩子更好地感知色彩。

初步培养良好的色彩审美

粗制滥造的儿童玩具、雷同纷杂的商业环境……不得不承认，孩子在这种环境下成长难以形成良好的色彩审美。作为聪明的妈妈，可以通过适当的方式教给孩子最基本的审美准则，通过大自然或者书籍中的案例使他／她了解能产生愉悦度的色彩组合，例如白与蓝、绿与黄等，必要时让他／她自己动手搭配衣服。

赋予孩子性别的意识

"告诉孩子色彩是礼仪的一部分，做有礼貌的孩子有时候可以体现在一件衣服身上。"

🎀 告诉孩子色彩是有禁忌的

对于画画而言，色彩是没有禁忌的，可以天马行空，但是进入了社会，色彩就产生了禁忌。孩子到了比较大的年龄，应该让他/她知道色彩和场合的悖论，例如参加喜事不能穿着凝重色彩，例如黑色、灰色，不要佩戴白色的围巾或者帽子，孩子有必要认识到这些基本的用色禁忌。

🎀 帮孩子穿出视觉舒适度

上学参加集体活动、拜访长辈亲戚、参加亲子活动，孩子的得体表现需要妈妈把控。在公众场合亮相需要遵守三色原则，全身不多于三种颜色，此外还要注意尽量和大家的穿衣风格一致，没有必要过于出挑，最后告诉孩子，这个是非常重要的"游戏规则"。

🎀 告诉孩子什么是得体

在孩子价值观尚未形成，但有攀比想法存在的时候，妈妈需要告诉他/她衣着得体的概念。告诉孩子，其实没有必要在任何情况下都穿着非常华丽，休闲场合要衣着简单，运动场合要穿得舒适自在，正式场合则可以稍稍注意，衣服的功能性不会被价格剥夺也不会被其主宰。

在配色中保留孩子的年龄特质

"孩子每个年龄段都有对色彩不同的反应和喜恶，妈妈要善于观察并且予以发挥。"

⬥ 不要担心太过花哨

童装专柜的配色怎么都这么大胆？花花绿绿真的好看吗？孩子处在对色彩敏感的阶段，反而不喜欢太单调的事物，所以童装的配色设计也抓住了孩子这方面的特点，予以保留和发挥。妈妈不用担心孩子衣服配色过于花哨，这是视觉好奇期使然的结果，长大后就会慢慢改变。

⬥ 偶像对孩子穿着的影像

为什么女孩对《冰雪奇缘》中艾莎的裙子爱不释手？男孩则喜欢成套的篮球套装？孩子通常不具备独立自主的穿着个性，很多时候都会效仿偶像或者喜欢对象的穿着打扮。作为妈妈不需要过于担心，模仿行为贯穿人的一生，只是现阶段的模仿行为更具体、直接而已，不需要太强烈的制止与反对。

⬥ 孩子每个年龄段的色彩喜好特质

幼童时期的孩子喜欢柔嫩的颜色，例如嫩粉色、嫩黄色、天蓝色，与他／她降生后所处的温馨关爱环境色彩有关；学童期孩子开始有了更多的色彩偏好，因为他／她开始走进人群，看到了更多的世界；10 岁以上的孩子视觉识别力增强，开始有了自己的主见与判断……作为妈妈应该意识到这些，孩子对色彩的学习和判断是不断加强和改变的。

并不是只有鲜艳颜色才适合宝宝

一味给孩子强加花哨抢眼的颜色并非高衣商妈妈的行为，可是孩子不穿亮色怕显老成怎么办？那么就要学会如何合理地运用鲜艳的颜色突出孩子的穿衣风格。

把最鲜艳的颜色运用为小面积色块

"孩子对颜色的喜好既有和成人世界一样的共性，也有专属他们的个性，聪明的妈妈不要主导，而是引导。"

不是所有孩子的肤色和气质都适宜驾驭大面积的饱和色色块，否则张扬不成，容易显得乖张。亮色可以用在下装，所处位置不显眼但却可以起到画龙点睛的作用。饱和色用在接近腿部的地方也能点亮腿部肤色，配合反光材质，充满活力的感觉更胜一筹。

将鲜艳的颜色作为内搭色

"鲜艳的颜色带来温暖的视觉效应，能拯救秋冬穿着的沉闷与呆板。"

男孩一般会抗拒过于鲜艳的颜色，但用于内搭则显得巧妙、朝气。通常妈妈会选择长袖T恤、卫衣、圆领毛衣作为内搭单品，这些衣服如果能用橙色、蓝色以及红色等亮度比较高的颜色配合，不仅可以冲破秋冬暗沉的色彩桎梏，还能让孩子显得活力健康。

暖色搭配塑造阳光宝宝

充满活力朝气的暖色一直处在孩子和妈妈选色的头号名单，暖色的感染力最强，但也要小心运用，穿出阳光美女潮男就从暖色着手吧！

粉橘色　能有效提升肤色中的红润度，并且有帮助其他颜色更显色的效果，是白皙女宝最好的选择。

粉橘色能显著提升女孩肤色中的粉色调，下装选择白色，提升红润的效果更显著。

粉橘色中的荧光色调以张扬的朝气感瞬间提升整体的明亮度。

要让全身性粉橘色看起来协调，面料的混搭很重要，棉质配合蕾丝及纱，材质的多元让色彩更柔和。

粉橘色内衣毛衣和蓬裙让最大面积的粉色看起来更悦目。

✕ **粉橘色搭配禁忌**

粉橘色不适合肤色偏黄或者黝黑的孩子，因为它的饱和度很低又接近肤色，容易让肤色不够干净、白皙的孩子显得黯沉。

粉色

粉色是女孩绝无异议的代言色，超高存在感，令它一出现就会即刻成为全身的主角。

嫩粉色和嫩黄色的搭配"杀伤力"十足，白色的鞋袜不抢风头，整体可爱爆棚，让人把所有的疼爱都会全数交出。

粉色以不同的面积份额在全身均起到了作用，尤其是配合了亮调蓝色和橘色的衬衫裙，不落俗套的三彩色配合让女孩显得活泼讨喜。

两种极端的粉色也能组成和悦目的搭配，各有呼应是这套装束的特点。

如何拯救深色下装和鞋靴带来的老成感？用一条红色的长袜作为内搭就能化解暗调危机。

✕ 粉色搭配禁忌

大面积运用粉色会"太甜"，并不适合所有的女孩，建议用其他颜色配合，以格纹、条纹、圆点的形式呈现粉色更提高实穿度。

红色

能令黯沉保守的黑灰更显个性、令其他亮色更鲜明的色彩特质，是红色易于穿搭的原因。

红色和黑色的搭配帅气、有力，在强烈的对比下，个性的印象油然而生。

牛仔色的中裤让红色 T 恤散发美式少年的帅气和率性。

上衣的颜色在鞋子处得到呼应，整体感增强，表现了超高衣商。

红色令搞怪谐趣的图案更突出，符合男孩的年龄特质。

✕ 红色搭配禁忌

不要把红色和其他混浊的颜色放在一起，纯度高、饱和度鲜明的色彩才能和红色和谐共处。

黄色

黄色是亮度的信使，有它的地方绝不会黯沉无趣，它是一种会带来光线的提升型暖色。

黄色令西瓜红色更显活力，选择金色的鞋子搭配黄色外套也很巧妙。

接近柠檬色的黄色适合肤色白皙的孩子，让每一个细胞都变成小小的反光镜。

橡皮粉和灰色的打扮太暗调，加上一件明亮的黄色外套即刻亮眼。

直接衔接的黄色和绿色会显得冲突，用米色的内搭毛衣相隔，明亮感造型达成！

✕ 黄色搭配禁忌

黄色的亮度太亮，在搭配上可以用其他稍暗的柔和色配合，例如米色、灰色、白色等，别用太多高亮度、高饱和的颜色与之搭配，否则孩子会像是行走中的彩灯。

橘色 比大红色适合更多人，同时具备温暖和提亮的色彩特质，具有超高存在感和人气指数。

橘色让黑色扭转至温暖的色感，有天蓝色锁边的点缀，让男孩不至于显得女生气。

鞋子中的橘色将裤装中的橘色点燃，完全诠释了美式休闲运动风的穿搭套路。

橘色用得并不显眼儿，却点到即止地突出了男孩活泼的个性。

黑白条纹的哈伦裤让橘色 T 恤显得潮味十足，让大男孩的帅气融入小男生的调皮。

✕ 橘色搭配禁忌

应避免和其他高饱和度暖色的搭配，例如红色、紫色、粉色等，否则容易显得混沌杂乱，让人在一堆暖色的混搭中摸不着头脑。

玫红色

拥有可爱特质的强色感暖色，可爱中带有明媚感，让人穿出蓬勃的朝气。

玫红色白边短裤，裤装中的小施一笔，立刻就能感到玫红色的可爱魔力。

玫红色内搭长袜令小小年纪也拥有驾驭黑色的不凡品位。

用连帽夹克内搭羽绒外套，玫红色锁边是和外套呼应的亮点。

玫红色和蓝白搭配，是日韩少年中最具人气的配色模式！

✕ 玫红色搭配禁忌

和橘色一样要避免和其他暖色大面积互配，给它低调的冷色更突显玫红色的张力和感染力。

冷色搭配塑造气质宝宝

　　童年天真烂漫，冷色应该被束之高阁？不，冷色的运用对塑造气质宝宝相当重要，不仅暖色的张力需要冷色烘托，冷色的单独运用也能产生不俗的时尚感染力。

天蓝色　　活泼、明亮又充满冒险个性的颜色，轻快是它的特质，适合搭配其他同样具有轻快色感的颜色。

　　天然的天蓝和人工的牛仔蓝搭配力满分，穿出帅气毫无难度。

　　草绿色令天蓝色更透明阳光，是外出装束首选的配色方案。

　　黄色和天蓝色配合大胆冒险，表现的是束缚不了的童心。

　　白色的纯净赋予了天蓝色同样的特质，是塑造干净暖男的完美配色。

✕ 天蓝色搭配禁忌

　　天蓝色纯度高，不适合搭配混沌的其他颜色，和它搭配的暖色面积也不应太大，否则会影响天蓝色的表现力。

宝蓝色

让小男孩穿出大男孩姿态的颜色，是一种稳重和活力并重的百搭色彩。

黑白和宝蓝色具备成人视角也赞许的绝佳潮感。

迷彩图案让男孩的好动变成更坚决的潮流态度，宝蓝色的加入更明朗活泼。

用白色长袖 T 恤化解宝蓝的锐度，多一点层次整体截然不同。

明亮的黄色和宝蓝色一样拥有外向的特性，是诠释开朗个性的完美搭配。

✖ 宝蓝色搭配禁忌

宝蓝色比天蓝色更稳重、锐意，更适合搭配纯度较高且具有理性色感的颜色，例如纯黑、纯灰、纯白等，试一试和金属色搭配，散发的潮感连成人也会赞不绝口。

丹宁色　象征自由、无惧、洒脱的颜色，也有冒险家和艺术家的气质，能穿出男孩特有的率性感觉。

丹宁色与灰色相遇，会带来毫无攻击性、温暖从容的视觉效果。

百搭性绝佳的丹宁色牛仔裤会成为每个男孩都钟爱的单品。

丹宁色和卡其色的搭配乖巧谦和，一定会让他成为校园内热议的话题。

黄色T恤让牛仔中裤的随性感觉加倍呈现，朝气的搭配走到哪里都如同太阳般亮眼。

✕ 丹宁色搭配禁忌

　　丹宁色天然具备"旧感"，因此最好不要搭配同样特质或经过特殊做旧处理过的颜色，例如铁锈色、青灰色、苔藓色等，否则会给人老是穿着旧衣服的感觉。

紫色

强势、摩登的颜色，能令穿着的人显得摩登、富有主见，是一种很有表达欲望的色彩。

已经非常夺目的紫色连身套装，搭配低调的白色球鞋，体现的是收放有度的穿衣思路。

紫色令黑色更多一分摩登的味道，才能妥善驾驭同样张扬的鞋子。

紫色中内搭牛仔衬衣和灰色 T恤，外放内收的搭配足见巧思。

紫色和黑灰色一样具备现代摩登感，整体呈现功力不凡。

✕ 紫色搭配禁忌

紫色是一种排外性非常强的颜色，不能用同样特质的颜色（例如红、橙）与之配合，而是选择包容性比较强的其他颜色，如黑、灰、白都能和紫色和谐相处。

荧光绿色

明亮又前卫的一个冷色，是春夏里最高调的常用色，能诠释出小男孩独有的轻快和无畏。

上下装的单品在色彩上做出了呼应，整体统一并不过于张扬。

小面积的撞色突出小试牛刀的配色尝试，令人耳目一新。

绿色和蓝色"天生一对"，是男孩特质的绝佳体现。

双色拼接的上衣是男孩衣橱中令人赞赏的特别单品。

✕ 荧光绿色搭配禁忌

除非在运动或者游玩的场合，身上的荧光色最好不要超过三个，否则整个人看起来会像是一个发光体。

绿色 代表着欢快、新生和朝气，可以彰显孩子的青春活力，以及热爱和拥抱大自然的热情。

白色让绿色存在感更强，令肤色的优势同时突显出来。

传递盛夏激情的颜色组合，每一个色块都散发着青春气息。

小面积的红、黄、白令大面积的绿色充满童趣。

蓝色和绿色以势均力敌的面积撞出不可忽视的存在感。

✕ 绿色搭配禁忌

绿色的搭配难度比较高，注意不要和紫色、褐色、粉色搭配，否则会给人不伦不类的感觉。

中性色搭配塑造帅气宝宝

黑、白、灰、藏青、卡其和咖啡色是常用的中性色，顾名思义，它们可以与任何颜色产生和谐统一的搭配效果，即使是在多色纷呈的童装中也能产生不俗的搭配功力，起到缓和、调节的作用，让衣着整体的色彩和谐性更高。

白色

干净、清爽、无瑕，能给人带来舒适的视觉体验，无论是各种深度的白色都容易和其他颜色搭配。

白色和红色的搭配现代感强，两种颜色的对比效果显得肤质明亮。

绿色单看会显得毫无新意，有了白色才会显得更纯粹、更鲜明。

运用黑白所创造的各种时髦元素已经让人受用不尽。

白色让摩登风格的男孩不致落入"潮而庸俗"的俗套。

✖ 白色搭配禁忌

依据肤质和肤色慎选白色的亮度，肤质暗沉、肤色偏黄的孩子给他／她选择米白、象牙白这种"吸光"的白色，肤质明亮、肤色白皙的孩子适合亮白、银白这种"反光"的白色。

灰色

低调儒雅，能穿出个性中的谦和，是塑造乖乖气质的必选颜色。

灰色比白色更多了一重温暖的色感，是秋冬必选的毛衣颜色。

黑灰配内敛、稳重，比跳脱显眼的黑白配相比更自成一格。

灰色的可变性很强，不同深浅度的灰色能打造出非常潮的效果。

姜黄色让灰色燃起明亮，灰色低调有品非常适合担当最大面积的色彩。

✗ 灰色搭配禁忌

灰色吸光，不应过多搭配同样吸光的颜色，例如黑色、米色等，小面积尚可，多了会显得沉闷。

黑色 风行百年的主流中性色，最时髦、有力、果敢的颜色，拿捏着装成熟度必须揣摩的颜色之一。

红黑配是时尚界最毋庸置疑的要帅保证。

散发冷酷魅力的黑灰配可以让身形显得更纤瘦、修长。

如果想要突出某件单品时，就用一件剪裁得体的黑色长裤加以陪衬。

体现大人剪裁思维的一件黑色立体大衣，让男孩顿时"长大"。

✗ 黑色搭配禁忌

不要一次让超过三种颜色和黑色搭配，否则黑色的突出和烘托作用则无法体现。运用黑色也考究面料和质感，不显崭新的面料会让男孩显得老成。

藏青色

优质型男代言色，大方、内敛、富有内涵，能迅速树立穿着者的绝佳衣着品位。

藏青色是冬季里不可缺少的一抹色彩，借助光泽感面料的配合更有感染力。

藏青色长裤降低了红色外套的张扬力，让整体偏向温暖、谦和。

不想选择黑色的时候，藏青色是一个非常好的替代方案。

姜黄色和藏青色是校园里最不甘平庸也不会太张扬的颜色组合。

✕ 藏青色搭配禁忌

藏青色稳重，但稳重感宣泄过度会变得老气、呆板，所以尽量选择活泼些的颜色和藏青色搭配。

卡其色 具备中和鲜艳色的色彩优势，温馨、内敛、包容，具有很舒适的视觉感染力。

卡其色降低了宝蓝色的锐度，让亮色更易于被人接受。

长裤的卡其色巧妙"沟通"了上衣的蓝色与黄色，让他们和谐共处。

浅卡其色让天蓝色变得柔和，一起产生提亮肤色的作用。

卡其色和橙色的搭配更体现韩式搭配的巧思，配色安全同时不乏趣味。

✖ 卡其色搭配禁忌

卡其色属于"尘土色系"，耐脏百搭，但和其他"尘土色系"相抵触，如果身着卡其色单品，应避免搭配棕色、咖啡色和灰色，避免整体偏向灰调。

咖啡色 同时具有文艺性和金属性的双属性中性色，无论休闲还是正式场合，咖啡色无所不能。

温暖包容的咖啡色长裤让上衣的各色拼凑变得合理、温暖。

咖啡色让张扬的橙色变得温暖从容，改变了整体的调性。

亮面材质的咖啡色有着金属风格的酷帅腔调，搭出了朴实以外的另一种风格。

咖啡色羽绒外套给人安全温暖的感觉，能打破冬景的寂静。

✕ 咖啡色搭配禁忌

咖啡色容易显得暗沉，肤色不够白皙的孩子，给他／她偏红色调的咖啡色；肤色白皙的孩子可以选择更接近棕色的咖啡色。

穿搭配饰也要选对颜色

配件虽然并非独挑大梁的单品，但却能在整体穿着中起到画龙点睛的作用。当上下装的配色方法已经尝试殆尽时，还可以通过配件上的色彩突出孩子的穿着个性。

帽子 男孩喜欢的鸭舌帽、礼帽、毛线帽都是上演色彩戏法的单品，不仅帽子外围的颜色需要留心，帽檐下面的颜色也可以体现出配色功力！

绿色的加入化解了黑色和灰色组合的单调，让整体气质往明朗的方向转移。

选择和裤子颜色一致的帽子，加强整体性，让全身的风格更统一。

🎩 帽子和服装的配色铁律

帽子如果具备上衣、夏装或者鞋子的主色，搭配起来会更协调。如果上衣和下装都已经具备高饱和的大色块，那么帽子要尽量低调一些，不要尝试用大色块来撞色，容易造成配色闹剧。

头巾

只戴帽子太单一？把头巾横向系在前额，再扣上帽子的做法值得潮童尝试！别忘了配色也相当重要。

潮感十足的花色头巾和星条图案的帽檐互相呼应，大玩混搭戏法非常过瘾。

经典的黑白配色直接有力，搭配同样黑白掌权的上衣配合度完美！

头巾和服装的配色铁律

尽量选择上衣或者帽子拥有的配色，如果无法在颜色上争取统一，有同样的元素也成立。另外头巾的选色也要考虑发色，黑发的孩子最好不要选择颜色有可能融为一体的头巾。

围巾　围巾不应该仅仅只为保暖贡献，针对单调的领口、单一的颜色、单薄的内搭，围巾都可以发挥神奇的增彩效果，让色彩和面料都更具层次感。

黑白图案的围巾令白色 T 恤更有造型感，Y 形系法轻便利落，没有一丝拖泥带水。

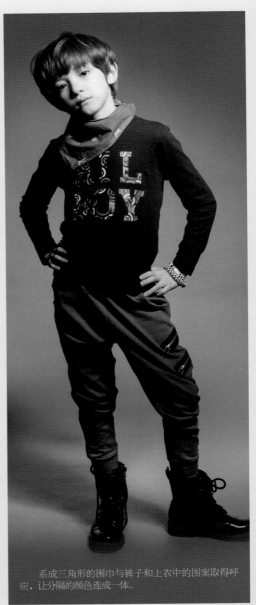

系成三角形的围巾与裤子和上衣中的图案取得呼应，让分隔的颜色连成一体。

👕 围巾和服装的配色铁律

　　"补充缺乏的颜色"和"找单品上具备的颜色"是围巾选色的基本要领，由此就不会显得画蛇添足。由于围巾是男女都可以用得上的单品，男孩使用时要注意系法以及所占的面积，切忌大面积使用。

鞋子

鞋子也许不是第一眼就会着眼之处，但是却能起到贯穿全身风格、平衡整体色调的关键作用。全身单品准备就绪后，妈妈要做的就是选择最正确的鞋子，完成打造潮童通关的最后一关。

白色的鞋子最经典百搭，当身上的衣服最简洁或最繁复时，选择白色鞋子是最正确的。

鞋子的红色与插肩T恤的红色配合，帽子上也不缺呼应，完成整体性超高的一款搭配。

👕 鞋子和服装的配色铁律

设计和颜色都极简化的常规款可以常备，例如白色贝壳头运动鞋、黑色高帮帆布鞋等。设计和色彩都繁杂的鞋子要看是否具备上下装或其他配件的颜色，有能呼应的则可以放心配套。

Chapter 6

妈妈最关心的潮童穿搭 Q&A

孩子的穿衣问题和成长一样状况百出！父母需要多留心细节才能为孩子排解各种各样的问题。孩子爱出汗？皮肤天生敏感？小脚容易磨破？从源头上父母要懂得避免。孩子的成长改变每天都在发生，在做潮童的同时父母也要关心孩子的健康。

怎样为皮肤敏感的宝宝选购衣服

敏感的孩子对衣服的初次过敏往往在穿新衣服的阶段，作为严格的妈妈如何为孩子选择安全健康的新衣呢？

"不是只要选择棉麻的衣服就够了，还有很多窍门等待被发现！"

选择敏感皮肤适合的面料

尽量选择天然面料，尤其是棉麻，因为它们具有透气、吸湿的特点。最好不要选择化学纤维面料，例如涤纶、氨纶，不利于汗液挥发，不适合活泼好动、皮肤又敏感的孩子。

关心装饰物的内侧缝线

衣服上的装饰物都不直接接触皮肤就没事了吗？还要小心为了固定装饰物的缝线是否摩擦皮肤。除此之外，童装各个部位的内侧缝线一定要柔软，最好少些拼接，孩子活泼好动，这些不够柔软的东西都会反复摩擦皮肤造成敏感问题。

试衣的时候多看细节

只有大人才需要试衣吗？不，很多妈妈不给孩子试衣的做法是错误的。衣服穿到身上，一定要多留意这四个位置：领口、腋下、袖口以及腰线，由于每个孩子的胖瘦各不相同，在发育期间，过于紧绷的位置可能会造成摩擦，严重的还会产生永久的色素沉淀。

换季应该怎么穿才能避免感冒

好动宝宝喜欢跑跑跳跳，一出汗脱衣就容易着凉生病。而在感冒频发的换季之交，家长们该如何给孩子穿衣才能有效应对温度变化呢？

"灵活掌握宝宝穿衣加减法则，优选散热透气材质，让宝宝远离感冒病菌！"

✿ 出门在外准备一件开衫

冬春之交和秋冬之际，天气阴晴不定时热时冷，给宝宝穿多了容易汗流浃背，穿少了又怕着凉感冒。一件厚度适中的开衫，不仅容易穿脱增减，也方便携带，在宝宝户外活动及玩耍时妈妈应备上一件。

✿ 镂空设计散热快也保暖

密不透风的衣服设计并不适合好动宝宝穿着，宝宝活动量大，被裹得严严实实更容易出汗而感冒，适当选择稍带镂空设计的宽松衣物，不仅利于散热，而且也具有一定的保暖效果，既舒适又透气。

✿ 棉质衣料透气吸汗防感冒

俗话说："小儿火气旺"，幼儿较成人出汗多、发热快，对气候变化的适应力差，衣服的透气吸汗性对宝宝来说就显得尤为重要。棉质衣料吸湿、透气、散热、柔软等性能均比化纤好，最适宜宝宝穿着。

顽皮女宝宝怎么穿避免走光

　　活泼开朗的女孩子像个"假小子"一样顽皮好动，如何给孩子穿搭衣物才不易走光就成为妈妈头痛的问题，而掌握一定的技巧，就不必再为此苦恼。

> "作为一个小女汉子，只要穿对衣服，妈妈再也不用担心我走光啦！"

🎀 宽松中裤让活动更自如

　　想要避免穿裙子易走光的尴尬？宽松的五分裤或六分裤便是好动的女孩子日常穿搭的最佳选择。宽松休闲的服装，可以让孩子更自如地活动手脚，舒适且自在。

🎀 衣服过厚会使孩子想要脱掉

　　孩子经常跑跑跳跳，运动量大也易出汗，过于厚重束缚的衣服会让孩子产生想脱掉衣服的哭闹情绪，所以妈妈们要根据孩子的体质状况与实时温度适当穿衣，不宜一味地过多过厚。

🎀 搭配成套更易赢得孩子喜爱

　　逐日成长的孩子对自己的穿衣打扮也渐渐有了认知和喜好，聪明的妈妈可以为孩子精心搭配好既舒适又不易走光的成套着装，赢得孩子的认可后就能让她们爱不释手。

怎么给宝宝选购舒适不磨脚的小皮鞋

一双完美的小皮鞋除了漂亮美观还不够，更重要的是利于孩子发育和成长。所以妈妈们在满足女儿想穿小皮鞋的爱美欲望时，更要对皮鞋做好充分把关。

"聪明的选择小皮鞋的材质与样式，娇嫩的小脚丫会因此更轻松舒适。"

皮质柔软才能行走自如

幼儿的骨骼、关节、韧带正处于发育时期，过硬的皮鞋会压迫孩子脚部的神经和血管，影响脚趾、脚掌的生长和发育。所以优质软羊皮是首选，软牛皮次之，塑料和合成革最好放弃。因为塑料和合成革透气性差，孩子穿着会觉得闷热潮湿，易引起脚气。

鞋跟过高影响孩子骨骼生长

孩子骨骼发育尚未成熟，鞋跟过高会使孩子全身中心前移，不仅影响走路姿势，还容易产生屈膝、翘臀、弓腰等体形变异与脚部畸形。平跟皮鞋有利于平衡重心，让孩子行走自然，也不至于引发肌肉和韧带劳损。

有绊带鞋扣的皮鞋不易松脱

儿童生性活泼，喜欢运动，这就要求孩子的鞋子不宜过紧、过勒，稍微留有余地且有绊带的鞋子更适合孩子日常活动及脚部发育，若无绊带鞋扣的鞋子在孩子跑跳过程中易拖沓脱落，影响孩子的正常活动。

爱出汗的男宝宝夏季怎么穿清凉又帅气

根据季节温度特性为孩子准备对的衣服是智慧妈妈的表现！爱出汗的男孩子怎么穿才能帅气应对高温呢？

● 关键位置宽松就好

整件衣服都宽松毫无美感，袖口和领口宽松一个尺码就会比合身的尺码更凉快。不要给爱出汗的孩子买领口和袖口带松紧皮筋的衣服，体温无法通过出口散发对孩子而言非常危险。

● 不是棉麻就一定轻盈

选购服装要掂一掂重量，厚质料的牛仔还有增加重量的合金装饰都会对孩子造成负担。让孩子轻快，一定是从妈妈敏感的触觉开始的。

● 多换几次衣服有好处

爱出汗的夏天要教会孩子在没有家长照顾的时候换衣服，易于穿脱的 T 恤还有中裤比纽扣上衣以及背带裤款更适合粗心的孩子，不会引起孩子对穿脱衣服的烦躁。

"不仅仅只有吸汗的面料才能解决问题，妈妈多懂一点，孩子的夏天更舒适。"

爱美女宝宝冬季还要穿裙子该怎么保暖

　　爱美之心不仅仅是大人的专属，臭美的女宝宝在冬天也想穿上美美的公主裙，而妈妈们如何在满足宝宝要求的同时又能御寒保暖呢？

> "做好保暖御寒的工作，就算在寒冷的冬天也能穿上小裙子臭美一番。"

长靴搭配长袜时尚又御寒

　　仅仅是加绒裤袜就足够保暖了吗？其实不然，打底裤袜的伸缩性决定了它低于裤子的紧性性，表面的微小空隙会给冷空气渗入的可能，搭配长靴可以有效地抵御冷风，时尚又御寒。

包臀裙比百褶裙更保暖

　　裙摆越大，冷空气与腿部的接触面积就越大。巧妙地选择贴身又不紧勒的弹性包臀裙，不仅满足宝宝穿裙子的欲望，也比百褶裙或蓬蓬裙更保暖。

保护宝宝的肚子最重要

　　宝宝的保暖以腹部和足部为重点，腰腹部若受凉，会引起孩子脾胃不和、消化不良或腹痛腹泻，直接影响孩子的健康。所以在给宝宝穿裙子时，要更注意宝宝肚子腹部的保暖，切忌不要与冷空气直接接触。

夏天怎么给宝宝穿衣服可以预防空调病

炎炎夏日酷热难耐,幼儿园里也为孩子们装上了空调,由此埋下的隐患也接踵而来。让妈妈苦恼的是,如何给宝宝穿衣,才能有效预防空调病呢?

"有了妈妈的细心呵护,小宝贝们一定能拥有一个健康舒适的夏天。"

🐻 为宝宝准备一件短开衫

妈妈们可以为上幼儿园的宝宝准备一件短开衫,室外活动时可脱掉开衫以防过热出汗,回到室内温度变低可以马上穿上以防着凉感冒,既方便又实用。

🐻 纽扣少一点让宝宝自己动手穿

样式复杂、纽扣过多的衣服会提升穿衣难度,容易让宝宝手忙脚乱。给宝宝准备一件大方简单、纽扣少一点的衣服,让宝宝不用求助老师也能自己动手穿,也更有自信。

🐻 长袖或者九分袖的上衣最适宜

短袖或无袖能让宝宝更凉快吗?并不是,幼儿的体温调节功能差、抵抗力弱,长时间穿着过于裸露的衣服待在空调房内会很容易发烧感冒,给宝宝穿着轻薄的长袖或九分袖才是聪明妈妈的选择。

买什么衣服给宝宝能锻炼自己穿衣

一岁之后的宝宝，已经可以开始自己穿脱衣服了。而在商场里让人眼花缭乱的童装款式中，贴心的妈妈们该如何为宝宝挑选合适的衣服呢？

"宝宝穿衣蕴藏着大学问，挑选得当的衣服可以更好地培养宝宝的穿衣能力哦！"

结构简单的衣服容易穿

爱美的妈妈为了让宝宝衣着更出众，会选择背带裤、连衣裙等服装，殊不知这样会加重宝宝的穿衣难度，而结构简单的衣服让宝宝在穿着时不那么费力，也更利于宝宝大小便。

金属配件易刮伤皮肤

衣服上的拉链等金属配件容易摩擦划伤宝宝娇嫩的皮肤，甚至在穿脱过程中使皮肉嵌到拉链内，引发更为严重的后果，给无意识的宝宝带来安全隐患。尽量选择无拉链、别针等金属配件的衣服才是安全的保证。

穿脱方便更省时省力

穿脱方便的衣服，降低穿衣难度且节省穿衣时间，更利于宝宝自己动手。避免领口过小、衣袖过窄或贴身紧身的服装，选择无袖无领或宽袖子宽领更容易让宝宝自己穿。宝宝穿脱自如，可以锻炼其自理能力，不至于被复杂的穿衣方式挫伤自信心。

怎么给脖子敏感的宝宝选上衣

上衣领口的重要性对敏感的宝宝来说不可忽视，尤其是在炎炎夏日更需要注意，所以掌握必要的选购原则对妈妈们是很有必要的哦！

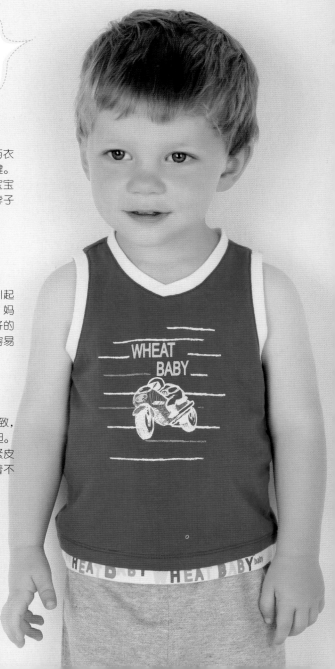

> "舒适大方的领口，让宝宝更健康畅快地呼吸！"

● V 型领口减少与脖子的接触

脖子敏感的宝宝，要尽量减少脖子与衣物的直接接触与摩擦，衣服的领口是关键。宽松的 V 领较于圆领更适合脖子敏感的宝宝穿着，因为 V 领领口更大，减少领口与脖子的接触，也更舒适凉快，方便穿脱。

● 棉质领口更柔软舒适

宝宝肌肤柔软，小小的刺激也可能引起皮肤过敏，尤其是如果宝宝是敏感肌肤，妈妈们就更应该选择柔软舒适、透气性较好的棉质衣物。反之，化纤领口或高领绒衣容易引起颈部瘙痒和荨麻疹。

● 花边或者皮筋会摩擦皮肤

领口的装饰固然会让衣服看起来更别致，但也会给脖子敏感的宝宝带来束缚与负担。宝宝皮肤过嫩，抵抗力差，带花边或松紧皮筋的领口会过多地摩擦皮肤，让宝宝穿着不适，也不利于散热与透气。

怎么给不爱穿厚衣服的宝宝选冬装

　　天一冷，有些父母就一个劲儿地把宝宝包裹得密不透风生怕着凉，但其实这是个误区。冬天给宝宝穿衣要讲究科学，那么如何穿才不会适得其反呢？

> "穿得多并不代表穿得暖，别让冬天的衣着成为孩子的负担。"

轻羽绒是外套的最佳选择

　　羽绒服无疑是冬日御寒的最优选，但一些羽绒服的面料多采用尼龙或高密度原料，虽然保暖性好，但透气性差，所以应该为宝宝挑选质地较轻薄又防寒保暖的轻羽绒。

一件连帽厚卫衣胜过一件重毛衣

　　妈妈们在给宝宝添衣时不能只顾保暖而忽视衣服重量，况且厚重的毛衣容易产生静电，引发宝宝皮肤瘙痒，套一件连帽又不过分臃肿的厚卫衣是更好的选择。

别强迫宝宝穿厚重的呢子衣

　　市面上很多童装的呢子大衣做得精致又漂亮，深得妈妈们的喜爱，但属于毛纺织品的呢子面料过于厚重且硬挺，会导致宝宝在活动时束手束脚，也容易刺激宝宝娇嫩的皮肤。

好动宝宝怎么穿不用担心小睡着凉

幼龄宝宝每天需要数次小睡，父母疏忽的时候，宝宝会因为一些翻身小动作导致身体着凉。聪明的父母懂得为宝宝想得更多，准备适合小睡的舒适衣着。

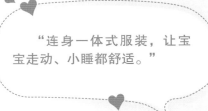

"连身一体式服装，让宝宝走动、小睡都舒适。"

🐾 棉质能智慧调控体温和身体湿度

纯棉的衣服能根据宝宝的体温调控温度，宝宝热的时候吸热，冷的时候保暖。棉质也具有出色的吸湿能力，能调控皮肤湿度，吸收了宝宝出的汗以后还会疏散挥发，持续保持体温正常。

🐾 简单剪裁避免宝宝扭转勒伤

幼龄宝宝在躺着的时候容易扭动身体，衣服常常不知不觉地拧转纠结起来，有时候会勒伤宝宝皮肤。妈妈应该为宝宝选择剪裁简单的款式，最好是一体式剪裁，让宝宝像被一层布包裹着，不会有勒伤的风险。

🐾 背部和腹部是保暖重点

幼龄宝宝睡着的时候容易露出肚子或者袒露背部，这时容易感冒。妈妈需要给单独睡眠的孩子准备柔软的连体衣，不要选择拉链或者系带款，最好是简单的套头式，这样无论宝宝在睡眠的时候如何"活跃"，也不会有感冒的问题。

尿布宝宝外出应该怎么选下装

炎热的夏季来临，幼龄宝宝开始抗拒闷热的尿布，怎么选下装才能方便外出，又能减少宝宝因为闷热出现的焦躁感呢？

"俏皮的设计完全解决了尿布的臃肿感！"

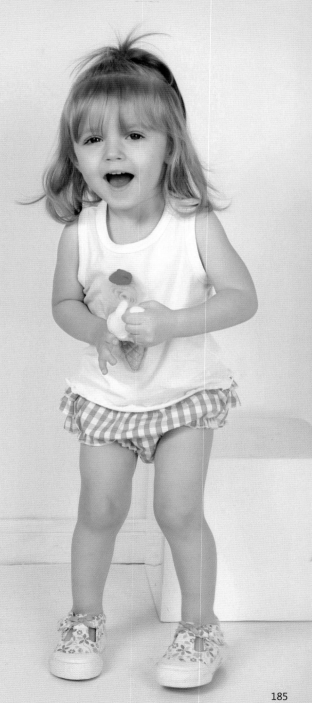

幼龄宝宝也需要得体

爱美的妈妈为了让宝宝衣着更出众，会选择背带裤、连衣裙等服装，殊不知这样会加重宝宝的穿衣难度，而结构简单的衣服让宝宝在穿着时不那么费力，也更利于宝宝大小便。

下装必须有空气囊才能散热

紧贴臀部和大腿的裤子貌似更便于加夹尿布，实际上会让积累的热量无法散去，也会加剧尿布对皮肤的摩擦。蓬大宽松的下装，外形酷似灯笼式的剪裁，这种设计能形成一个空气囊，便于散热和散湿，也给尿布留下富余空间，避免摩擦伤害。

腰围适度宽松才舒适

尿布的腰围往往已经非常合身，裤腰就不必再加紧。选择松紧带做成的裤头弹性较好，在宝宝穿了尿布之后不会形成束缚感。妈妈还可以随时检查尿布的潮湿状况，比扣式或者拉链式都要方便。

如何给长高中的男孩挑选运动鞋

对于成长中的男孩，妈妈需要保护他的大脑、关节还有骨骼，因此一双正确的运动鞋就变得尤其重要，现在就来看看运动鞋该如何挑选。

> "美观不是唯一指标，鞋子'内情'要看清！"

足部减震有助保护大脑

足部通过硬式鞋底或者薄底鞋底直接接触地面，冲击力会从下肢传递至中枢神经，进而对大脑产生震荡，这对发育中的宝宝而言是有害的。发泡橡胶底、内置气垫底都是比较好的减震科技，妈妈应该针对进行选择。

鞋底纹路和材质都能防止滑倒

妈妈可以留意鞋底纹路，人字纹、多边形纹、圆圈纹都有不错的防滑形，尤其是圆圈纹能提供不错的抓地力。从鞋底材质上看，橡胶最防滑。如果宝宝参与了运动项目，一定要给他适合篮球、足球、网球运动的专业运动鞋。

高帮设计妥帖保护脚踝

高帮运动鞋可以稳定脚踝，保住足部在突然落地或者变换姿势的时候扭伤，尤其是关节比较脆弱的宝宝，高帮鞋是非常具有保护作用的。另外穿高帮鞋一定要穿耐磨的棉质中筒袜，避免鞋跟摩擦足部。

如何给宝宝挑选一套冬季运动服

如果不是为了满足专业运动的需求，而是满足上体育课、户外活动的需要，妈妈如何挑选更适合宝宝的冬季运动服？

🐰 卫衣款式能基本满足运动需求

宽松舒适的卫衣既是便服，也能满足一般运动的需求。首先是它的束袖设计让它比普通长袖T恤更方便在运动的时候固定衣袖，其次是宽松的衣身剪裁不束缚四肢，让身体自由。

🐰 伸缩面料适应竞技运动

多人竞技运动难免抓扯，穿着弹性面料的衣服能避免衣物被抓扯时勒伤。另外外衣最好不要有纽扣、拉链、帽绳这些多余物件，容易在运动冲突时割伤皮肤甚至伤害他人。

🐰 冬季运动后也需要散热

不是只有夏天运动才需要散热，即使是冬天，挥散不去的热量对宝宝而言也是不好的。衣服最好有能迅速通风散热的敞开通道，例如大衣领、宽衣摆等，高领、窄摆的衣服不适合运动穿。下装的散热靠口袋以及裤腿，妈妈不要选择裤腿过于束缚的款式。

> "满足一般运动需求，好的便服也能胜任！"

187

如何给潮宝选择饰品

成人可以只看饰品的外表，但给宝宝选的必须多一些留心。贴身佩戴的饰品必须确保对皮肤无害才能使用，为潮宝选择饰品应该更注意哪些方面呢？

🔘 皮革或棉麻绳比金属的更安全

整件衣服都宽松毫无美感，袖口和领口宽松一个尺码就会比合身的尺码更凉快。不要给爱出汗的孩子买领口和袖口带松紧皮筋的衣服，体温无法通过袖口或领口散发出去，对孩子而言非常危险。

🔘 去除一切锐角的饰品才安全

处在好动、爱打闹的年龄，饰品上的锐角对宝宝而言是非常危险的，妈妈要做到给宝宝选择最简单的饰品，尤其是长坠形项链，容易甩到眼睛，链坠必须没有任何锐角，才能避免伤害到宝宝或者他人。

🔘 处在口欲期的宝宝不能佩戴任何饰品

对于处在什么都想放到嘴里尝一尝的口欲期宝宝，不能给他/她任何饰品。饰品中可能脱落的零部件会让宝宝误食，导致中毒或者吸入气管窒息的风险。口欲期宝宝，不管是金属还是看似柔软的饰品都是禁止的。

"在安全范围内耍酷，适当点缀就很帅！"

夏季过于炎热怎么穿让宝宝觉得最舒适

面对炎炎夏日，男孩可以打赤膊？妈妈要禁止男孩这样做！打赤膊并不会让人更感觉凉快，只有面料舒适、传导散热性好的衣服才最能制造清凉。

"对抗高温大作战，清凉小背心绝对是底线噢！"

☺ 打赤膊并不会更凉快

当气温接近或者超过人的体温时，打赤膊不仅不凉爽，反而会更热。原因是皮肤会直接从外界吸收热量，吸热出汗、出油后，凝结的油脂又进一步影响毛孔的换气，最终令身体感觉更闷热不快。

☺ 避免散湿性差的面料

涤纶、氨纶、尼龙类面料散湿性差，出汗的时候容易粘身，使汗液和油脂积蓄在皮肤上，让宝宝更容易因暑热而疲劳。棉、麻及其他植物纤维制成的面料散湿性更好，对热和湿气的传导快，比较适合宝宝穿着。

☺ 深颜色不等于吸热禁忌色

最吸热的颜色莫过于黑色，接下来是茶色，之后依次排下去分别是红色、黄色和白色。值得一提的是藏青色，它的明度比较低，虽然属于深色，但吸热率却比较低。吸热率最低的要数白色，不仅让人从心理上感觉到凉爽，实际上它也确实可以使物体保持相对较低的温度。

如何给学步期的宝宝选择袜子

　　幼龄宝宝末梢循环比较差，足部容易受寒，对他们而言，一年四季里穿上适宜的袜子非常重要。

> "袜子不仅仅可以保温，更是帮助宝宝接触世界的第一种柔软介质！"

🔲 不要过早给学步期的宝宝穿鞋

　　穿袜子能确保宝宝的脚趾自由舒张，能更好地感受地面，控制平衡。过早地穿鞋学走路，会限制脚趾的平衡性，宝宝更不容易学会走路。另外，在宝宝还没有掌握走路姿势前，过早穿鞋对宝宝的足部磨损是非常严重的。

🔲 学步期适合耐磨的厚袜子

　　厚袜子能减少地面对脚掌的冲击力，让宝宝适应不是赤脚的行走模式，也为了给后期穿上鞋子走路做好准备。另外袜子的材质一定要耐磨，宝宝爬行的时候对袜子的损耗也是比较强的。还有一种在足底有软胶的防滑袜，就像"袜鞋"一般，但是防滑袜不可以穿在鞋子里的，而是要外穿，里面最好穿一双薄袜子作为保护。

🔵 处在学步期的宝宝都是扁平足

　　处在学步期的宝宝需要增加对足部的刺激，袜子能让宝宝依旧感受到地面的凹凸，对他/她学会走路的轻重非常有帮助，也能刺激到膝盖的反射能力，帮助腿部肌肉的发育。

如何给幼龄宝宝选择外出穿着的鞋子

如果不是为了满足专业运动的需求，而是满足上体育课、户外活动的需要，妈妈如何挑选冬季适合宝宝的运动服？

🐰 选购鞋底 1/3 处易弯曲的鞋子

1~3 岁期的宝宝行走模式和大孩子是不一样的，这时的他们腿抬得比较高，每一步基本是脚尖先着地，并且着地很重，所以一定要选择鞋底有一定厚度、材质软硬适中、鞋底 1/3 处易弯曲的鞋子来保护他们的足部。

🐰 选择尺码合适的鞋子

给宝宝穿着尺码偏大、松动的鞋子是非常危险的，幼龄宝宝通常迈的步伐都很小，抬腿的时候如果鞋头触地会绊倒宝宝。另外选鞋子的时候要注意轻盈，也是因为迈步小这个特点。

🐰 不要过早穿着凉鞋

在宝宝走路还不太平稳顺畅的阶段，凉鞋是不适宜的。宝宝的脚后跟需要鞋子包覆，以减少脚在鞋内活动的空间，从而避免摔倒。加上这个阶段的宝宝行走模式带有踢的动作，凉鞋不足以抵抗硬物对脚趾的冲击。

"宝宝开始通过行走来展示他 / 她的好奇心和学习能力！"